カラー図説

柴山知也［著］

高潮・津波がわかる

沿岸災害のメカニズムと防災

デジタルコンテンツ連動

朝倉書店

はじめに

津波や高潮・高波などの沿岸災害は，地震，台風，地形などの自然条件や事前の災害対策などの社会的条件がいくつか重なると，日本中どこででも起こりうる自然災害です．津波のように百年や千年に1回くらいの頻度で起こるものから，台風の来襲によって毎年のように世界のどこかで起こっている高潮・高波の被害まで，さまざまな時間間隔で起こります．あるいは2011年東北地方太平洋沖地震津波や2004年インド洋津波のように沿岸域の延長が数百kmと広い範囲にわたるものから，2014年温帯低気圧による根室での高潮のような数kmの狭い範囲で海水が陸上に浸水してきた小規模のものもあります．度重なる災害によって，研究のレベルでは多くの事象の物理的な理解が進んだのですが，一方で被害にあわれた地元の住民の方にお話を伺うと，多くの場合，自分の地域に海水があふれて来るとはあらかじめ考えたことはなかったと語られる方が多いのです．

本書では，約45年にわたって沿岸災害の実態の観察と研究を続けてきた私の経験を踏まえて，沿岸災害はなぜ起こるのか，どのように対処して身を守ればよいのかについて，これまでに積み重ねてきた科学的な知見を用いながら解説しようと思います．**表1**にはインド洋津波（2004年）以来この20年ほどの間に発生した，沿岸域での被害を引き起こした主な津波，高潮，高波の表を示します．私はこの表に載せたすべての災害について発災後の現地で調査を行っています．沿岸災害研究の立場から見ると，1970年代からおおむね30年くらいの間は，大きな沿岸災害は数が少なく，私が専門とする海岸工学の分野では研究の関心が海岸の侵食，内湾の水質に向けられていました．ところが，2004年以降は毎年のように大規模な沿岸災害が起こったため，30年ぶりに沿岸災害への研究関心が高まりました．

私が沿岸防災の勉強を始めたのは1970年代の終わりころですので，その頃は伊勢湾台風（1959年）とチリ津波（1960年）の記憶が鮮明でした．当時はまだ沿岸防災に関する知識は専門家内では共有されていたものの，一般の方々には普及していませんでした．その後，インド洋津波（2004年），東北地方太平洋沖地震津波（2011年）を経て，沿岸災害の知識は世界中に普及しました．

「日本は災害に対する技術や科学が進んでいる」とよく言われますが，これは自然災害が多い国土に居住していて，被災の経験が多いということが主要な要因だと思います．このため，世界中から多くの若者が日本に留学して災害科学を学ぶことになりました．私の研究室からは，これまでに35人の博士が育ち，その内25人が留学生です．これらの学生は17か国の異なった国から来日し，その中から多くの人が帰国して防災分野の大学教員などを務めています．35

表1　津波と高潮の事例

年	名称	場所	死者＋行方不明者（人）
2004	インド洋津波	スリランカ，インドネシア，タイ	220,000
2005	カトリーナ高潮	米国（ニューオーリンズ）	1,200
2006	ジャワ島中部地震津波	インドネシア	668
2007	シドル高潮	バングラデシュ	5,100
2008	ナルジス高潮	ミャンマー	138,000
2009	サモア津波	サモア	183
2010	チリ津波	チリ	500
2010	スマトラ（メンタワイ諸島）津波	インドネシア	500
2011	東北地方太平洋沖地震津波	日本	死者 15,782 行方不明者 4,086
2012	サンディ高潮	米国（ニューヨーク）	170（米国内80）
2013	ヨランダ高潮	フィリピン	死者 4,011 行方不明者 1,602
2014	根室の高潮	日本	0
2018	台風12号による神奈川県での高波（西進台風）	日本	0
2018	台風21号による大阪湾での高潮	日本	死者 14
2018	スラウェシ島（パル湾）津波	インドネシア	死者 2,081 行方不明者 1,309
2018	スンダ海峡津波	インドネシア	死者 426・行方不明者 29
2019	台風15号による神奈川県での高波	日本	死者 9

人の中には，カナダ・オタワ大学をはじめとして 20 大学（海外 13 大学，日本 7 大学）の現職の教員が含まれており，災害研究のための強力な国際ネットワークを形成しています．本書で紹介している研究の多くは，彼らとの共同研究の成果です．

世界中の沿岸災害を調査する目的は，災害を分析したうえで，地域の立場から減災のための戦略を，それぞれの地域の実情に即して提言していくことです．日本は有史以来，長年にわたって歴史的に多くの沿岸災害を経験してきましたので，その経験を整理して，世界の防災に貢献していくことも大切です．実際の作業では，まず災害後の現地調査を行い，データを数値的および記述的に整理します．その際，災害調査ではそのたびに新しい発見が必ずありますので，それを減災方法に取り込むために，水理模型実験で現象をより詳細に観察し，物理過程を理解します．その結果を数値予測モデルに取り込んで，より具体的に災害発生時の状況のイメージを再構築することを試みます．この結果を住民と共有することにより，地域の実情に合わせた合理的な防災構造物の建設，避難計画の作成などがようやくできるようになるのです．

いくつもの災害調査を積み重ねることにより，被災の事情は地域ごとにさまざまであることがよくわかってきました．この多様性を前提に，事例ごとにその地域社会の特性，災害の歴史と経験と物理的な津波の外力条件を組み合わせるとなぜ多くの犠牲者を出してしまったのか，あるいは大きな外力が加わったのにもかかわらず，なぜ犠牲者の数が少なかったのかなどの謎が解けることになります．また，地域社会の組織のされ方は被災の経験と密接にかかわっているため，歴史的，社会的な文脈を読み解いていく努力が必要です．これらを踏まえて，地域住民，行政担当者，研究者が協力してともに有事に備えるシナリオを作成することになります．

日本の沿岸域では地域の実情を踏まえて事前の心構えと準備をする作業が，着々と進んでいると考えられますが，東海・東南海・南海地震，首都直下型地震，北海道東部（千島海溝沿い）地震，スーパー台風の直撃など大きな外力を伴う災害に対してはまだまだ準備すべきことは多いと考えています．

2016 年 1 月から，私は早稲田大学 MOOC（Massive Online Open Course，オンライン公開講座）の科目として英語を使用言語として Tsunamis and Storm Surges を開講しています．6 週間にわたって沿岸災害を講じており，これまでに米国，日本，インド，英国，チリ，カナダ，スペイン，インドネシア，フィリピンなど120か国から延べ5,000人を超える受講生が登録しています．この講座では受講生からの質問に答えたり，レポートを採点したりする機会があるのですが，私は受講生の関心の高さと質問の的確さ，レポートの内容の質の高さにいつも感心しています．世界中に津波や高潮をきちんと理解して，自ら地域を守り，住民の命を守ろうとしている方々がたくさんいることを大変に心強く感じています．特に米国フロリダ州（高潮）やチリ（津波）などの災害多発地域からの質問やレポートは具体的な経験を含んでいて，研究を進めていくうえでの参考になります．この講座は新たな災害事例を加えるなど，毎年少しずつ内容を加えながら開講を続けています．

国際的な広報活動として，毎年11月5日は世界津波の日と定められています．世界的に津波情報を普及させ，津波に対する意識を向上させることを目的として，2015年の12月に国連総会で日本をはじめとする142か国の提案を可決したものです．11月5日に定めたのは，1854年11月5日に和歌山県の沿岸を襲った安政地震津波の際に，地元の有力者で，実業家でもある濱口梧陵が村人に避難を求めるために自らの収穫したばかりの稲わらに火をつけて危急を知らせたという故事に由来しています．日本では2016年以来，毎年この日に濱口梧陵国際賞を津波・沿岸災害の研究者に贈り，その功績を讃えています．

本書では実例を紹介しながら，沿岸災害のメカニズムや防災・減災の現状について紹介していきます．なるべく読みやすいように工夫しましたので，数式を使った説明などの詳細を知りたい方は巻末の参考文献を参照してください．また，各章の章末に，読者が持つであろう質問を予想して，その答えとともに【よくある質問とその答え】として掲載しましたので，合わせてお読みいただければ幸いです．

2023年6月

柴山知也

動画1　はじめに（https://youtu.be/LYh7OH6Rlu0）
本書の全体像をスライドで見られます．読み始める前に，あるいは読み終わった後に見ると全体像のイメージがつかめます．
（早稲田大学理工学術院柴山研究室制作）

目　　次

デジタルコンテンツ目次

書籍内の QR コードよりアクセスしてください.
併記している URL からもご覧いただけます.

第1章

沿岸域の災害

1.1 津　波

津波は海底や海の近くでの地形の変動によって起こります．2011年の東北地方太平洋沖地震津波（以下では東北津波と記述する場合があります）では，プレートの境界で変動が起こり，断層が発生して大きな津波が発生しました．一方で，2018年インドネシア・スラウェシ島地震津波では，地震によって海岸近くや海底での斜面崩壊が発生して津波が発生しました．同じく2018年のインドネシア・スンダ海峡津波では，クラカトア火山の噴火により，大量の火山噴火物が海中に落下したために津波が発生しています．発生した津波は海を伝わりながら，各地の海岸に押し寄せます．場合によって海岸線を超えて陸上に氾濫すると，人命にかかわる大きな被害を発生させることになります．

地震や高潮などが汀線（海と陸との境界線）を超えて，陸上に氾濫してくると，大きな災害が発生することがあります．私はそのような災害の調査を長年にわたって実施してきました．その際には波の高さを計って，押し寄せてきた津波や高潮の勢いを把握する必要があります．具体的には被災地の建物や丘などに残された水の痕跡（ウォーターマーク）を発見し，その場所での地面からの高さを計測して，浸水深とします（**図 1.1**）．次に測量技術を使って，最寄りの海の水位と比較し，津波がない場合の水位（天文潮汐によって上下している平常潮位）を天文潮位の計算を行って求め，津波のみによって変動した水位の高さを計算し，浸水高を決定します．浸水高の分布をみると，大まかな津波の陸上への氾濫の様子を把握することができます．また，陸上に氾濫した津波は丘を上り，最終的に持っている運動エネルギーをすべて位置エネルギーに変換して運動を止める場所があります．ここでの浸水高さを特別に遡上高と呼び

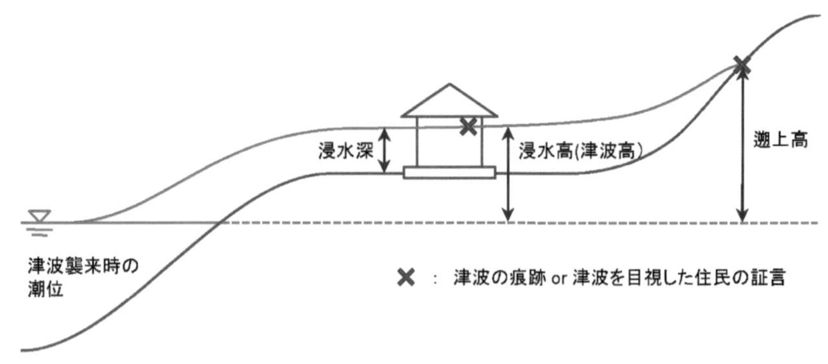

図 1.1　津波の浸水深，浸水高，遡上高の関係

ます．遡上高の分布をみると，陸上に氾濫した津波や高潮がもともとどのくらいのエネルギーを持って来襲していたのかを概略推定することができます．

1.2　高潮と高波

高潮と高波は異なる物理現象です．ところが場合によってそれぞれの規模の大小はありますが，おおむね同時に発生します．どちらも台風や低気圧によって引き起こされるからです．

高潮は 台風によって引き起こされる現象で大規模に発生すると陸上に海水が氾濫してくることになります．大きな運動量を持った海水が押し寄せて来るという意味では同じく代表的な沿岸災害である津波とよく似た現象ですが，津波は地震によって発生するため原因が異なります．高潮は主に，台風通過時に気圧が低下することによって引き起こされる吸い上げ現象と，風によって海水が風下方向に運ばれる吹き寄せ現象が重なり合って起こります（**図 1.2**）．大きな高潮は風が強く風下側に陸地がある場合に，吹き寄せ現象が支配的となって起こります．月や太陽との位置関係で発生する潮汐の影響により，潮位が高い場合にはその高さの分も水位が高くなりますので，陸上に氾濫してくる可能性は高まります．

一方で高波は低気圧の下で強い風が海面を吹き渡ったときに，風のエネルギーが海面に伝達されて発生し，周期が数秒から 10 秒程度の水表面の振動として現れます．発生した直後の波には，いろいろな周期の波が混在しているた

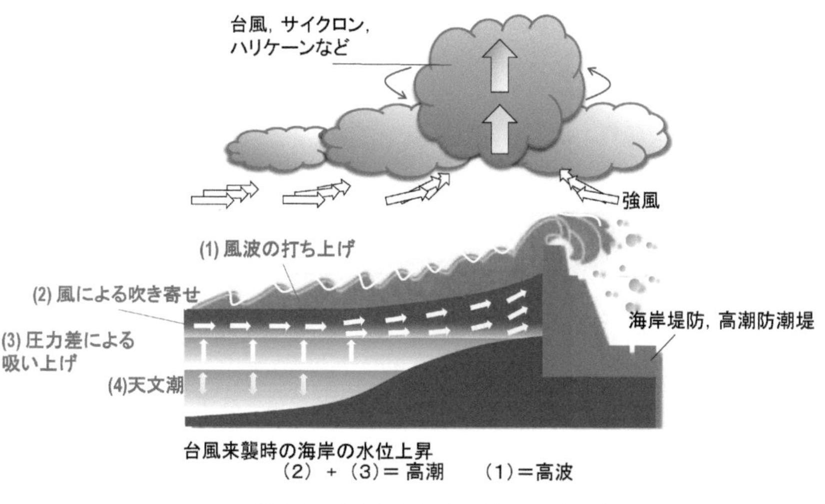

図 1.2　高潮と高波（風波）の重なり合い

めに，不規則に海面が運動しているように見えますが，海面を振動させながら伝播していく過程でしだいに周期が揃っていき，うねりとして何百 km もの距離にわたりエネルギーを失わずに伝わっていきます．海岸に行っていつでも観察できる波はこの風波とうねりですが，台風のときには波高が 10 m を超えるような波が海岸に打ち寄せることになります．

台風が来襲したときには，これらの現象が重なって起こることになります．**図 1.2** に示したように，月や太陽の引力によって概ね 1 日に 2 回海面の水位が上下します．これに吸い上げによる高潮，吹き寄せによる高潮，風波による高波が重なるのですが，それぞれの水位の高まりがたまたまある時間に重なってしまうと水位が異常に上昇し，海岸に作ってある海岸堤防，防潮堤の高さを超えることになり，陸側に海水があふれてくることになります．

1.3　このほかの海水面の変動現象

東シナ海では「あびき」と呼ばれる水位の変動が起こります．これは，低気圧の通過などにより，大気の振動（空振）が発生し，その振動が海面を通じて東シナ海全体の長周期の振動を起こし，数日間継続する現象です．九州の西海岸，特に長崎湾内では頻繁に報告され，波高が 3 m に達することもあり，漁業関係者にとっては小型船が転覆するなど大きな被害となることがあります．この現象は気象津波とも近年呼ばれるようになりました．もともと「津波」という言葉は江戸時代には「港の波」という意味で，海に大きな波が来ることをさしていて，津波や高潮，高波などを含む広い意味の言葉でした．陸上での山腹崩壊のことを「山津波」と呼ぶこともありました．明治期にも津波はいろいろな意味に使われていました．昭和の中期までに津波，高潮，高波などの用語の整理が行われて，津波は現在の意味に統一されました．ところが，「Tsunami」という言葉が国際的に広く使われるようになった結果，Meteo-Tsunami（気象津波）という言葉が海外で使われるようになり，日本語でも再び意味を広げて，気象津波という言葉を最近は使うようになったという経緯があります．

この他に，陸棚波が浸水を引き起こすこともあります．この波は日本列島周囲の浅い海域で陸に沿って進む波で，コリオリ力が作用するため，太平洋岸では北から南，さらに東から西へと伝播します．台風や低気圧が去って，天候が回復したと思っているところに突然に水位の上昇が起こるという珍しい現象が起こります．具体的な東京湾での例を後ほど，4.2(3) に示すことにします．

第 1 章のよくある質問とその答え

Q　津波と高潮は同時には来ないのですか．

A　どちらも確率が低い事象ですので，2 つが同時に起きることは想定していません．ただ，大きな津波が海岸堤防などの防護施設を破壊し，防護構造物が再建される前に，毎年のように日本列島に来襲している台風が高潮・高波を発生させる場合などには，2 つの効果が重なり合うことがあります．現在では津波や高潮によって海水が堤防を超えることがあっても堤防が破壊されないように，堤防の表面全体をコンクリートで被覆するなどの改善が進んでいます．

Q　高潮については，地球温暖化により台風が強大化するために将来は深刻化することがあるようですが，津波については温暖化の影響はあるのでしょうか．

A　津波は地震や火山噴火が原因で起こりますので，温暖化の影響は直接にはありません．ただ，温暖化の影響で海面が上昇すると，その分は津波による水位に上乗せされますので，海面上昇分の水位への影響はあります．

第2章

津 波 の 性 質

本書では，主に海岸工学パラダイムを用いた解説を行うことにします．このパラダイムはニュートン以来の古典力学パラダイムに依拠していますので，下記の3段階を踏んで研究を進めることになっています．

①沿岸域での津波，高潮，高波などの自然現象を観察し，数式で表します．この際には主に時間的,場所的変化の様子をとらえるために数式は多くの場合，連立微分方程式で表されることになります．

②次に微分方程式を解いて，解を求めます．支配方程式と境界条件などは，連立偏微分方程式になりますので，解を求めることは一般には容易ではありません．そこで多くの場合，単純化の仮定をおいて線形化して解くか，摂動法を用いて級数解を求めることになります．私が研究を始めた1970年代後半までは解析解の時代と呼ばれ，主に解を関数の形で求めていました．一方で電子計算機の能力の飛躍的な増大により，現在は計算機を使った数値モデルの時代となっています．

③上記の2つの段階では単純化が行われているために，微分方程式の解と実験結果，現地観測結果を比較して，解の有効性を確かめる必要があります．室内実験，現地調査によって求めたデータを用いて検証を行います．このため1980年代には精緻な流速データを取得するために，異なる原理に基づく電磁流速計，超音波流速計，熱膜流速計，レーザー・ドップラー流速計などが新たに開発され，流速計の時代と呼ばれていました．一方で，最近の20年程は沿岸災害が頻発したために災害調査（津波ハンター）の時代とも考えることができます．

以上に述べましたように沿岸災害研究に用いられる海岸工学パラダイムは不変ですが，具体的な方法は変化してきたと言えます．一方で，このパラダイムを超えて，例えば温暖化後の高潮を予測するために，将来起こりうるシナリオを設定し，数値モデルを使って，50年後，100年後の高潮を予測する試みを行う，シナリオ研究も近年は盛んにおこなわれています．シナリオ研究は急速な電子計算機の能力の伸長に支えられています．この変動は個人の研究者の変化ととらえるよりも，世代あるいは時代による変動すなわち沿岸災害研究者の集団としての社会変動ととらえることができます．

津波を起こす原因（起動力）はいくつかに分類することができます．これまでに大規模な災害を引き起こした津波は多くの場合，地震時に海底でのプレートの境界が動いて断層が発生し，水位の変化が津波となって伝播するものでした．日本列島の近くは，太平洋プレート，フィリピン海プレート，ユーラシアプレート，北アメリカプレートといくつものプレートがせめぎあう場所となっているため，異なる境界からそれぞれ独自に津波が発生することになります．特に本州の太平洋岸には上記の4つのプレートの境界が集中しています．このために太平洋側には津波を発生させる可能性がある場所が，いくつも存在しています．

この他にプレート内の断層の運動に起因するもの，火山の噴火活動に起因するもの，地震動により，陸上や海底面の斜面が崩壊したり，閉鎖性の高い水域で地震によって水の共鳴振動（スロッシング）が起こる例などもあります．

津波が発生すると，波が広域にわたって伝播することになります．津波のエネルギーは伝播中にはほとんど減衰しないので，チリ沖で発生した津波は太平洋を伝播して日本の東北地方沿岸に押し寄せることになりますし，東北地方沿岸で起こった津波は同様にチリに押し寄せることになります．これは海底地形によって津波が屈折し，ちょうど光がレンズの焦点に集まるように特定の地域に津波が集中して伝わることによります（**図2.1**）．1960年のチリ津波では津波の東北地方沿岸への到達の予報が遅れたために日本でも大きな被害を出すことになりました．現在では当時と異なりハワイの津波予報センターで通過する津波を観測できるために，高さの情報を含めて予報の精度が各段に上がっています．

津波は周期が長く，波長が水深に比べて長いために，長波（波長が水深に比べて長い）と呼ばれる領域に該当し，波速はおおむね水深のみで決まります．そのため，地震の場所が特定できれば，いつ津波が来襲するかの予測はあらかじめ計算しておくことができます．しかし，津波の高さについては，断層の大きさなどを推定する必要があるために予測は難しいことになります．日本の気象庁から津波情報が発信される場合には，到達時間については比較的早く，数

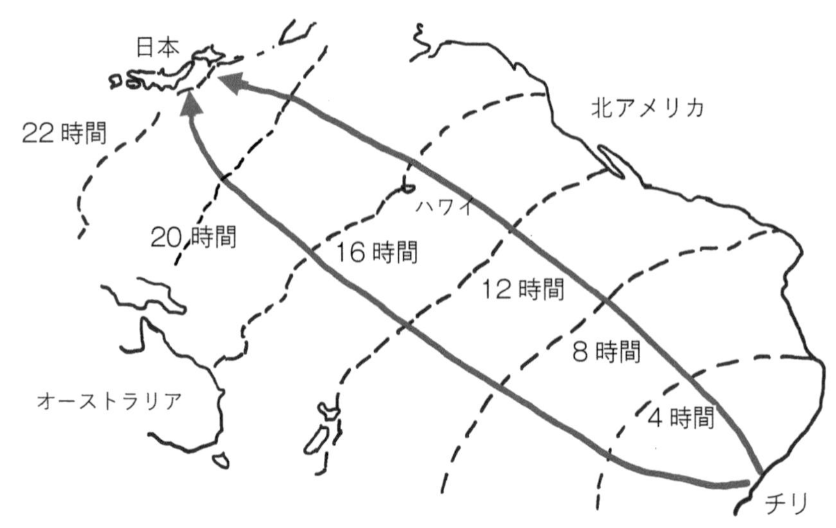

図 2.1 チリから日本への津波の伝播（1960年5月24日チリ地震津波に関する論文及び報告，1961）

分で予測値が伝達されるのに対して，高さについては情報が遅れ，さらには何度か修正される場合があるのはこのためです．

かつては津波のイメージは1つだけの大きな波（孤立波）としてとらえられてきました．これは津波の研究者も津波を実際に見たことがなく，津波の被害結果のみをみて，津波のイメージを作ってきたためと思います．ところが，日本海中部地震津波（1984年）以降は，一般に家庭用のビデオカメラやスマートフォンなどが普及したため，来襲時の津波の伝播の様子が研究者にも見ることができるようになりました．このため，現在では津波のイメージは分裂した孤立波（ソリトン分裂波），ダムが崩壊したときにできるような波（ダム崩壊段波），海側の水位が上昇して，陸側に継続的に海水が氾濫する流れなど，津波の実相に応じたイメージとしてとらえることができるようになりました．東北地方太平洋沖地震津波では水位の高い海側から海岸堤防を越えて陸側に最大で15分間にもわたって海水が流れ込み，さらに流れ込んだ水が海側の水位の低下に伴って，海側に戻り流れとしてとうとうと流れ下る現象が観察されました．現在では，津波の研究者は災害調査を行う際に，事前に被災地の住民からウェブ上に投稿された，来襲時の津波をとらえた画像を収集し，現地調査で場

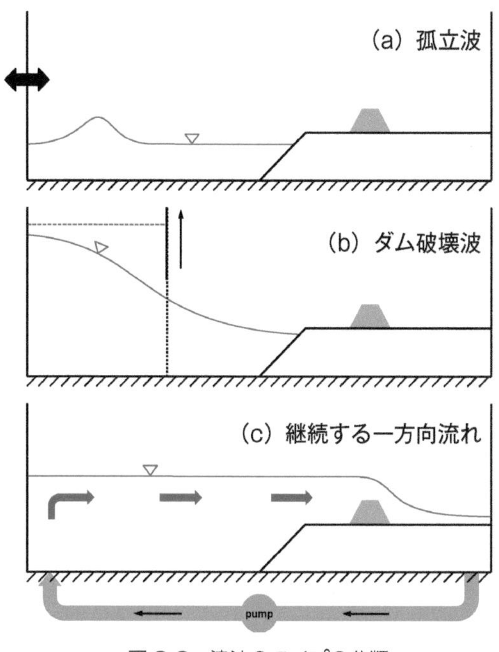

図 2.2　津波のタイプの分類

所を特定して，波の様子と被災結果とを比較しながら実現象を把握することができるようになりました．これらの津波のイメージを再現するために，**図 2.2** のような水理模型実験装置を用いて再現実験を行っています．図では上から順に孤立波，ダム破壊波，継続する一方向流れを示しています．

この他に地震によって閉鎖性の水域でスロッシング現象（地震の振動によって，例えば石油タンク内の油が振動を始める現象）が起こることがわかっています．東北地震の折には千葉県・京葉臨海中部地区で石油の流出が発生したことが報告されています．この現象では地震動の周期と，閉鎖水域の固有周期が一致することによって共振が発生し，閉鎖性水域の水面が大きく振動します．私の研究室で研究していた大平幸一郎博士は，東北地方太平洋沖地震の際に山梨県・富士五湖の西湖で発生した振動を調査してから研究を始めて，同地震の際にはスカンジナビア半島のフィヨルドで，あるいはメキシコの地震でも同じ現象が起こったことを確かめています．一般的には，狭くて深い閉鎖性水域で振動が大きくなるのですが，東京湾などのように埋め立てしたときに通行路と

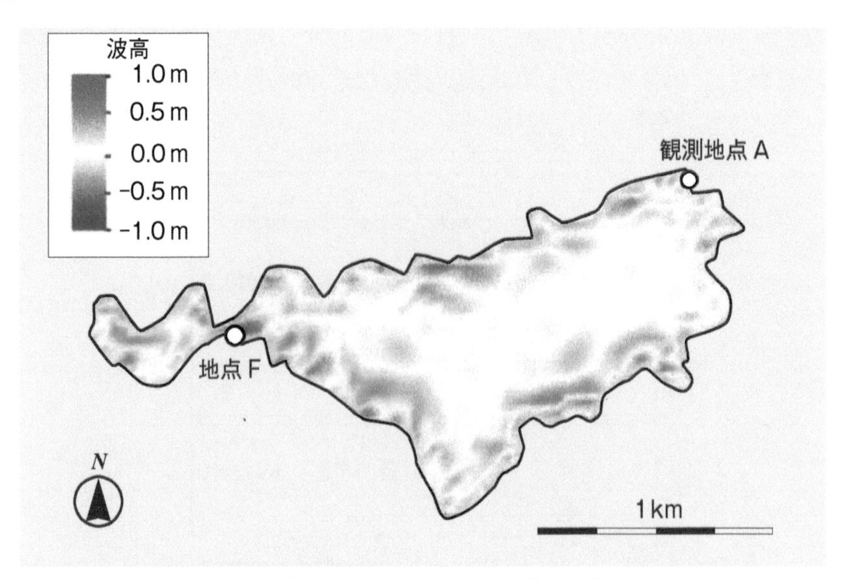

図 2.3　東北地震による西湖のスロッシング現象（大平ら，2017）

して残されて形成された閉鎖性の高い運河などでもこの現象は起きるために地震のときには注意が必要です．具体的には，地震発生時には埋め立て地など臨海域にいる場合には，速やかに周囲の鉄筋コンクリートの建物などの2階以上に登り，周囲の状況を確かめる必要があります．**図 2.3** は西湖を対象とした水位変動の数値計算結果を示していますが，点 A では現地での 0.8 m の痕跡高を確認し，点 F では数値計算での最大波高 1.2 m を算定しています．

これまで，あまり津波の危険性が強調されていなかった地域でも新しい発見がたくさんあります．例えば，日本海側の南西部についてはこれまではあまり津波の可能性が言われてこなかったのですが，これは未知であるということを意味します．津波がこれまでになかったということではなく，未知であって，調べなくてはなりません．調べ方は，地震も津波もいくつかの手がかりがあり，調べることができます．手がかりの1つは，古文書の調査です．これは地震についても記録があります．江戸時代以降は日記をつける知識人の層が，僧侶や名主などをはじめとして日本各地で厚くなり，多くの記録が地域に残されることになりました．もう1つはボーリング調査です．ボーリング調査をすると，地層の中に津波による堆積物の層が残されている場合があり，いつどの程度の規模で津波が来たかある程度の見当がつくのです．2011年の東北津波の際にも，貞観津波（869年）のときには海から津波が砂を運んできて，その層が残っているので，いつ津波が来たのかわかるという調査結果がありましたが，地層の中に証拠が残っているのです．2011年の東北津波でも海から運ばれた砂や泥が被災地一面に広がっていました．それが地層として残っていますので，何百年か経ったのちにボーリング調査をしてみると2011年に来た津波の層ではないかと特定できるのです．したがって，これまであまり津波の歴史が言われていなかったのは，未知であったからであるということを考えると，これから古文書の調査，および場所によって津波堆積物のボーリング調査をして，これまでどのくらいの時間的な間隔をあけて津波が来襲しているかについて改めて考えてみる必要があります．

現在の沿岸域を構成している人工の構造物の歴史は，比較的短いと言うことができます．東北地方太平洋沖地震津波では，1981年の建築基準法改正以前の旧設計基準で建てられた建物（女川市の沿岸部で倒壊した3棟）を調査しました（**図2.4**）．このビルは強い水平方向の津波による流体力を受けて，基礎の杭が引き抜けて転倒していました．しかしこのような古い基準で設計された建物を例外として，鉄筋コンクリート造のビルが構造として全体が崩壊することはまれでした．これは日本が地震の多い国であることに関連しています．建

図2.4 東北地方太平洋沖地震津波で倒壊した，旧基準で建てられたビル

築基準法の設計基準では耐震設計の方法が定められていて，具体的には水平方向の荷重に耐えられるように設計されています．このため，陸上に氾濫した津波による水平荷重に耐えることができたのだと思います．したがって，地震のない，耐震設計の必要のない国々では，陸上に氾濫した津波による水平波力によって建物が崩壊する可能性が高いと考えられます．

第2章のよくある質問とその答え

Q 津波は地震や火山の爆発で発生するとのことですが，地震や火山がない安定的な地域では津波が来ないと考えてよいのでしょうか．

A 津波は海を伝わって来ますし，チリの沖で発生した津波が太平洋を越えて日本まで伝わった例もあります．したがって，世界中で海に近いところではどこでも思いもかけなかった津波が押し寄せる可能性があると考えた方がよいと思います．

Q 津波の速報を見ていると，いつ津波が到達するかという時間については分単位で示されるのに，津波の高さについては1m，3m，10m，10mを超えるなど予想値がおおざっぱであるように見えますが，もっと細かい予測はできないのですか．

A 津波の速度は水深によって決まりますので，震源からの距離と水深図を用いて最初の波の到達については正確に予測することができます．一方で高さについては，海底にできた断層のずれの大きさなどに強く依存するにもかかわらず，断層の高さの推定には時間がかかるため，予測値にはあいまいさが含まれます．日本列島周辺では津波の観測システムを配置することにより，進行途中の津波の高さをとらえて，予測値を修正していくことができるようになりつつあります．したがって高さの予想値は時々刻々と変化していくことになります．

第3章

高潮・高波の性質

低気圧や台風の下では，気圧が低下し，強い風が吹きます．海上では，気圧の変化により，1ヘクトパスカル（hPa）低下するとおおむね1 cmの平均水位の上昇が起こります．強風が吹くと海の水が吹き寄せられて動き出し，陸地近傍では運ばれた海水が陸によってせき止められるために水位が上昇します．以上の2つの効果はいずれも平均水位を上昇させるために，この両者を足し合わせたものを高潮と呼んでいます．

吸い上げの効果は，気圧が950 hPaまで低下しても，大気圧（1,013 hPa）との差は63 hPaですから，水面の上昇も静的に考えると63 cmにしかなりません．一方で風による吹き寄せは局所的な地形に大きく依存し，湾奥で湾の幅が急に狭くなる場合，湾の奥行方向が風の方向と一致する場合などには数mにも達することがあります．したがって高潮を予測する場合には風の場の時間的な変化を精度良く予測することがどうしても必要になります．

かつて高潮はその高さのみでイメージされてきました．これは高潮防潮堤の高さを決めることが必要だったからです．東京湾，大阪湾，伊勢湾をはじめとして，高潮の被害を受けやすい日本の内湾は，高潮の推定高さに見合う高さのコンクリートの壁（高潮防潮堤）でもれなく囲むことによって護られています（**図 3.1**）．図に示したのは隅田川の新小名木川（しんおなぎがわ）水門の隅田川寄りの部分の高潮防潮堤ですが，このようなコンクリートの壁によって，東京の沿岸部，津波や高潮が遡上してくる隅田川の河岸などは護られていることになります．その後シドルの高潮やハイアンの高潮の際の目撃情報や，住民により撮影された動画の情報により，高潮の場合にも津波と同じように，浅海域に到着した場合や陸上に氾濫した場合に，先端が砕波しながら，水位が階段の一段のような形を形成して伝わる波（段波）として進んで行くことがわかってきました．この場合には段波が運動量をもって防潮堤に衝突するために，堤体に大きな力がはた

図 3.1　東京の高潮防潮堤

らくことになります．場合によっては，漂流する船舶や埠頭に置かれていたコンテナが流れ出して防潮堤に衝突します．このような場合には防潮堤が一部破損し海水が侵入してくる可能性がありますので，注意が必要です．今後防潮堤を改修していく過程で，このような可能性のある場所については，水平方向の衝撃力に耐えるような強度で構造物を設計する必要が出てきます．

一方で，海面を強い風が吹き渡ると風のエネルギーが海の表面に伝達され，漣（さざなみ）が起こります．この漣がしだいに発達して風波になります．発達段階では，風速，風の吹き渡る距離の長さ，風の吹いている時間の長さの3つの要素が，波の高さ（波高）と波の周期を決めることがわかっています．風が強くて波が発生しているような海域では，波はいろいろな方向に進んでいくとともに，さまざまな周期と波高をもっている波が重なり合っているために，海面はただ不規則に上がったり下がったりしているように見えます．このような不規則な状態もスペクトル解析の方法によって規則的な成分波に分解することができます．**図 3.2** に示すように，実際の海でも周期の短い波は早めに減衰し，周期の長い波は高い速度で先に進んで行ってしまうために，周期はしだいに5-10秒程度に集約されてうねりとして長い距離を伝播することになります．うねりは海岸に近づいて水深が浅くなると砕波します．波が砕けると，波は大きな渦

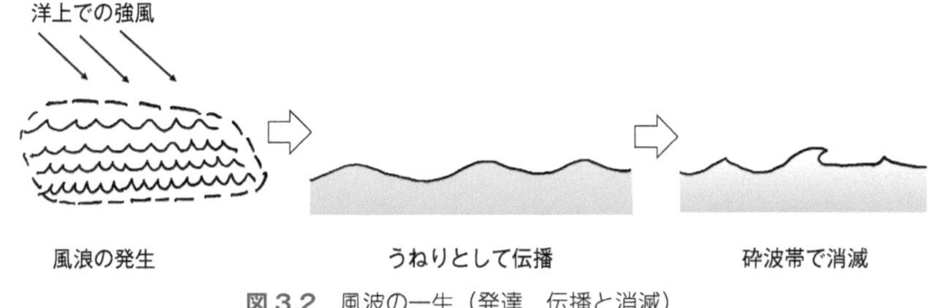

図 3.2　風波の一生（発達，伝播と消滅）

を発生させて，波のエネルギーはしだいに乱流のエネルギーに変換され，岸に近い海に砕波帯が形成されます．大きな渦はしだいに小さな渦に分割されていき，最終的には熱エネルギーとなって波は消滅していきます．

近年は日本列島周辺では，海面温度の上昇などにより，台風の挙動の変化が報告されることが多くなりました．この中には，台風の速度が遅くなる場合があります．これは日本列島上空にある偏西風の位置が北にずれることにより，台風が東に運ばれずに停滞する場合が増えていることが原因です．風の場は台風の移動速度と台風の渦による風の速度との合成となるため，台風の速度が遅くなると風速はその分小さくなり，高潮や高波も小さくなります．その一方で風が吹く時間が長くなるために，風の吹き寄せによる高潮高さや風波の波高の上昇も見込まれます．後者の作用がより大きくなると高潮や高波は台風の速度の減少によって高くなる場合が出てきます．詳細は Inagaki ら（2020）を参照してください．

高波が発生させる災害の1つとして，海岸侵食についても説明をしておきます．海岸の砂浜は波の作用によって常に形を変えています．冬季など波高が高いときには砂は沖に運ばれて，砂浜は侵食されますが，夏季など波高が低いときには砂は岸向きに運ばれて砂浜は回復します．一方で台風などの作用により非常に大きな高波が押し寄せたときには砂浜は大幅に侵食され，元に戻ることができなくなります．2007 年台風 9 号による高波で砂浜が失われ，相模湾沿いに建設された西湘バイパスが波に直撃されたことにより，大磯から二宮にかけて約 1 km にわたって崩落したのはこの例です．

日本では 1960 年代から海岸侵食が全国的に目立つようになりました．一方で，タイでは 1990 年代，ベトナムでは 2000 年代以降に海岸侵食が顕著になり

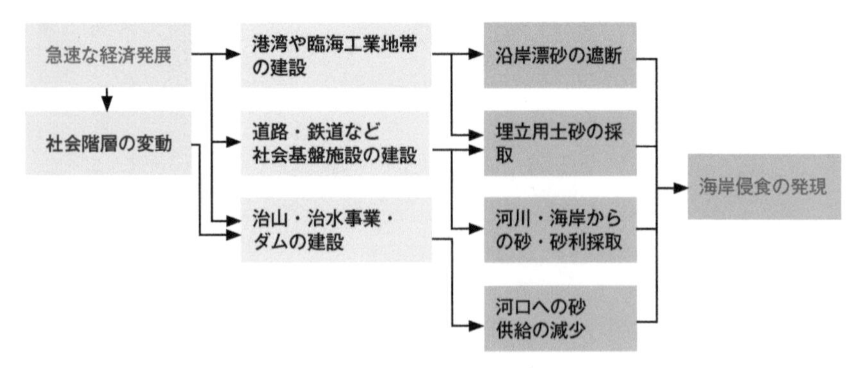

図 3.3 日本とアジアの途上国における海岸侵食発現の物理過程（柴山ら，1996）

ました．これは，急速な経済発展に伴って人為的な作用による海岸侵食が引き起こされた結果であると考えることができます．**図 3.3** に示すように，経済発展には臨海部の埋め立てをして港や工業用地を造成したり，道路や鉄道などの社会基盤施設を作るために，埋め立て土砂，コンクリートの骨材としての砂利と砂が必要となります．このため河川あるいは海岸からの土砂の採取を行うことになります．一方で農業から工業への転換，家電製品の普及などによりこれまではある程度許容されていた季節的な河川洪水が工場や住民に許容されなくなり，洪水調節のためにダムが建設され，川から河口を経て海岸に供給される土砂量は急速に減少します．これらの作用で，砂の供給が減った海岸は波の作用によって急速に砂を失っていくことになります．遠浅の海岸では岸から十分遠い地点で波は砕けはじめ，波のエネルギーは砕波帯内で乱流から熱へと変換されて消えていくのですが，砂浜に砂がなくなり，勾配が急になったり砂浜がなくなったりすればエネルギーを保ったまま海岸に到達し，場合によって岸側にあふれ出てくることになります．日本の海岸ではすでに砂浜が急速に失われていて，例えば 20 m の等深線がしだいに岸に近づいてくる，すなわち勾配が急になる現象が各地で報告されています．これまで砂浜に守られていた海岸の沿岸災害への脆弱性が高まっていると考えることができます．

第3章のよくある質問とその答え

Q **近所に高潮防潮堤があるので，散歩のときなどに防潮堤に沿って歩くことがあります．3mほどのコンクリートの壁が30分ほどにわたって続いているのですが，少し古くなったようにも見えます．防潮堤に守られていると考えて，安心していてよいのでしょうか．**

A 高潮防潮堤は1959年の伊勢湾台風による名古屋市での高潮を教訓として，1960年代に建設されたものが多いため，築堤後にすでに60年ほどが経過しているものが多いと思います．現在の高潮の想定では堤の高さは十分なのですが，地球温暖化の効果を見通すと，保守作業や建て替えを進める際には水位の上昇，高潮時の漂流物の衝突等を考えて，高さの嵩上げ，強度の向上などを進める必要が出てきます．地震の場合などに何kmにもわたる延長を持つ防潮堤が全く無傷であることは難しく，いくつかの場所からは浸水が始まる事態も考えられます．そのような場合に備えて，3m以上の高さのある堅固な建物などの避難場所をあらかじめ考えておくことが必要です．

Q **今日，湘南海岸に行ってきたのですが，波が高く，砕ける波の高さは3mを超えているようでした．風はなく，陸上は穏やかな天気なので，なぜ風によって起こされるはずの波がそのように高いのでしょうか．**

A 海岸に打ち寄せる波の多くはそのときにその場所の風で作られているわけではなく，数時間から数日前にはるか沖合を通り過ぎた低気圧や台風によって作られた波が，数百から数千kmの旅をして，海岸に到達したものです．この間はうねりとして移動しますが，エネルギーをあまり失うことなく伝播してきます．湘南海岸で本日に目撃された波は数日前に沖合を通過した低気圧による強風がもたらしたものと考えられます．

第4章

沿岸災害の実例

4.1 津波の実例

私が実際に現場での調査を行ったいくつかの事例について，現場では何が起こったのかをエピソードを含めて解説します．

(1) 2004年インド洋津波（スリランカ，インドネシア，タイ）

インド洋津波は2004年12月26日に発生しました．それから年末にかけて世界中の津波研究者の間でメールが飛び交い，現地の情勢を分析して，誰がどこを調査するのかといった話し合いが始まりました．重複をしないように，重要な地域が抜け落ちないように調整するのが話し合いの目的です．話し合いの結果を踏まえて，私は1月にスリランカの調査を行い，2月にインドネシア・アチェの調査を行いました．

スリランカでは，5日ほど先行していた当時京都大学の河田恵昭教授，東北大学の今村文彦教授とコロンボでデータを引き継ぎ，私のチームは彼らの調査よりもさらに南のゴール周辺から調査を開始することにしました．その際，スリランカ側の研究者3人が同席して意見交換したのですが，そのうちの2人は私の横浜国立大学の研究室で博士号を取得して現地にいる研究者のニマル博士（ルフナ大学）とジャヤラトネ博士（当時ランカ水理研究所，現在は西ロンドン大学准教授）で，彼らはその後の調査に同行して共同で調査に当たりました．私たちが収集した津波高さの測量データは，さらに1週間ほど遅れて到着したアメリカのコーネル大学の調査隊に引き継ぎ，彼らは私たちが道路の不通により行けなかった，南部から東部にかけての海岸の調査を行いました．

スリランカの住民には津波の歴史が伝わっていなかったため，初期の引き波の際に海底を見ていて，避難が遅れるなどの事例もあり，津波に対する防災の教育は行われていませんでした．これが津波の高さがおおむね 10 m を越えなかったスリランカで 35,000 人もの住民が亡くなった理由の 1 つです．ポルヘナでは，住民が津波の侵入に気付かず，逃げ遅れて家の中で溺死した例が多発しました．**図 4.1** に断面図を示しますが，ポルヘナでは，海岸線から 389 m の地点での浸水高さは 2.6 m程度でしたが，避難が遅れた住民が多かったことがわかっています．これは津波に対する警戒心が薄かったことを示しています．スリランカ全体としてはその後の調査で，寺院の記録の中に古い津波の事例が記録されていたことが発見されたそうですが，その後津波の記憶は忘れられてしまい，したがって事前の対策は全く行われていませんでした．

インドネシアのアチェは津波の高さが高く，20 m を超える津波の来襲で，レプングのように村ごと消失してしまった場所があります．この村では多くの被災地で撓むことによって折れずに生き残ることの多いヤシの木が軒並み根元に近い部分で折れていて，村の痕跡を残すのは家の中にあったタイルの床のみで，それ以外はすべて洗い流されていました．津波の最大遡上高は，私の調査隊が計測した 48.9 m でした．この高さはリティングにある半島の 2 つの丘の間を通り抜けた津波によるもので，遡上する津波の記録としては世界最大値です（**図 4.2**，**4.3**，**4.4**）．**図 4.2** はアチェ近郊のリティングの場所を示し，**図 4.3** は津波遡上を示している現地の写真，**図 4.4** は遡上地点の等高線の分

図 4.1　ポルヘナでの津波高さの分布

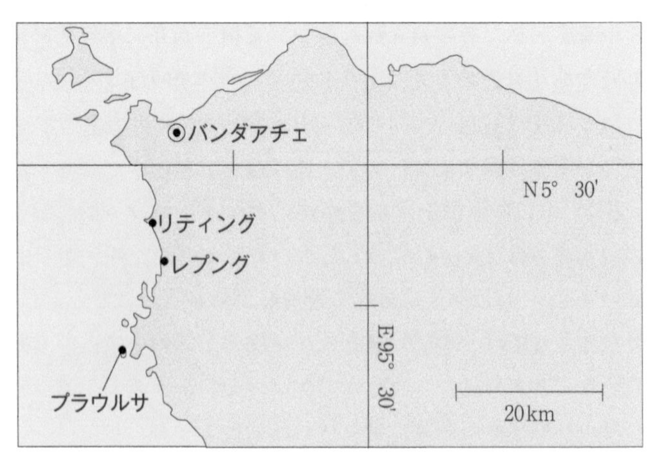

図 4.2　アチェの略図

図 4.3　リティングの半島

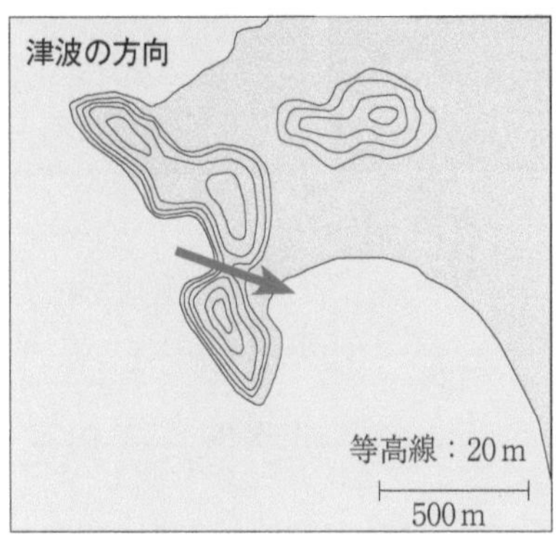

図 4.4　半島の等高線

布を示しています．私たちの調査隊にはかつて横浜国立大学に共同研究のために滞在していた地元シアクアラ大学のマシミン講師が同行してくれました．このため生き残った住民の意見を聞きながら調査を進めることができ，多くの教訓を得ることができました．インドネシアには津波が何度も来襲していたのですが，ここまで大規模なものは伝えられていなかったために，経験を生かすことができず，避難が遅れたことで13万人もの方が亡くなることになりました．

(2) 2006年ジャワ島中部地震津波（インドネシア）

2006年5月27日に津波が発生したときには2年前のインド洋津波の経験が広く多くの沿岸域の住民に周知されていたために，津波であることを多くの人が認識し，避難をしました．海岸付近はもともと砂丘が発達していて，津波の陸側への侵入を防ぐ自然の海岸堤防のように機能していましたが，それでも毎日の生活の利便のために砂丘に人工的に作った通路から氾濫水が村の中に侵入するなどして津波による死者は500人程度に上ったと推定しています．**図4.5**は，砂丘を掘削して造った村への通路から海水が村内に侵入した例を示しています．生活の利便性の向上と災害時の安全性が必ずしも両立しないことは多く

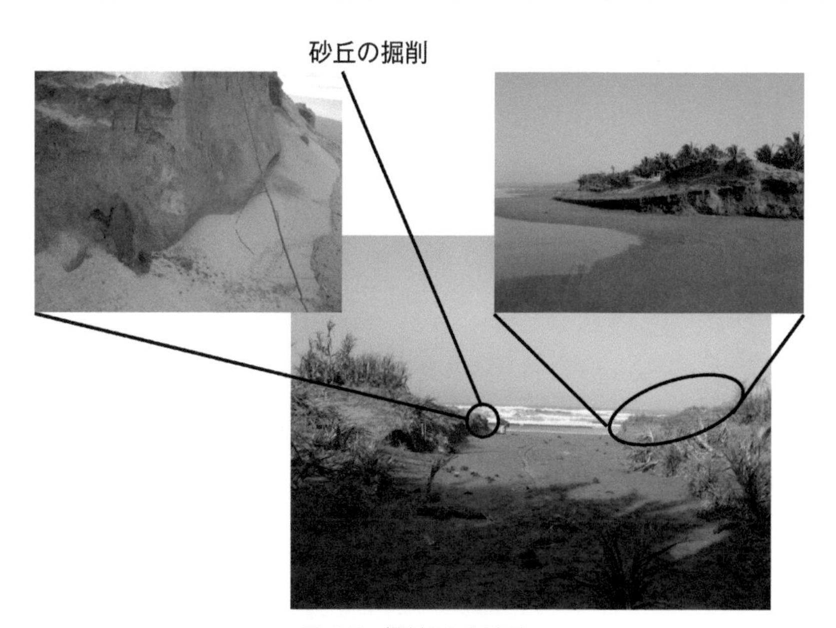

図4.5 掘削された砂丘

の被災地で観察されることですが，地域の実情に応じて災害時を想像して対策を立てることが大切です．

一方で，2年前のインド洋津波は津波の恐ろしさを住民が知るきっかけになったのですが，この事例でも海岸で作業をしていた漁民が流されるなど，避難が遅れた例もありました．

(3) 2009年サモア沖地震津波（サモア）

2009年9月29日の朝7時ごろに津波が島に到達しました．津波の高さは米領サモアで8.97mに達し，遡上高は20mを超えました．サモア独立国では最大8m程度でしたが，住民が集中して住んでいる主島のウポル島はサンゴ礁に囲まれているため，津波が押し寄せて来るのが目視できたこと，学校教育を通じてインド洋津波を題材とした津波教育が効果をあげていたこと，朝の子どもたちの通学が始まる時間帯だったことなどが功を奏して，多くの人が高台に避難しました．私の研究室でこの津波を私とともに調査した三上貴仁博士（調査当時は学部4年生，現・早稲田大学准教授）は，サンゴ礁を進行する津波の目

図4.6　津波後に高台に移転した集会所

動画2　サンゴ礁上の砕波の室内実験
(https://youtu.be/mjrfVFoRyhQ)
サモア津波ではサンゴ礁上を砕けながら進行している津波が津波来襲の住民への警告となりましたが，室内実験で再現するとその伝播の様子がわかります．（早稲田大学理工学術院柴山研究室制作）

視により，住民避難が促進された点を指摘しています．それでも 140 人ほどの住民が避難しきれずに津波に流されて亡くなっています．7 年後に再訪したときには高台への村落の移転が実現していて，さらに沿岸域の低地から高台に避難する道がいくつも作られていました．**図 4.6** は高台に移転した集会所の写真です．これはサモアでの村ごとの土地所有が海岸から山に至るような短冊状に区切られていて，地域共同体が自らの所有する海沿いの土地から同じく自らの土地である丘の上に移りやすかったという事情を背景にしています．

(4) 2010 年チリ津波（チリ）

チリは，沿岸域にプレートの境界があり，歴史的にも何度も津波に襲われています．1960 年に発生し，太平洋を伝わった津波が日本の三陸沿岸に伝わってきたことも日本人の記憶に残っています．2010 年 2 月 27 日に発生した津波の調査のために，私は早稲田大学チリ津波調査隊を組織して 4 月 3 日から 8 日にかけて，コンセプシオン周辺をはじめとする沿岸域で調査を行いました．**図 4.7** はトゥンベス周辺で海岸近くに建てられた住居が津波にさらわれて消失した様子を示しています．私の研究室のミゲル・エステバン教授はスペイン語が堪能で，調査の際に住民の聞き取りを行うことができました．

南北 200 km 以上の海岸線で，浸水高さは 4 m 程度から 9.87 m（コンスティテューション）に分布していて，遡上高は最大で 20.3 m（ティルア）でした．

図 4.7 チリ地震の被災地（トゥンベス）

ジーコ周辺では局所的に4時間以上にわたって,3回(午前4時,5–6時と8時)津波が繰り返し押し寄せ,最大のものは午前8時に押し寄せた6.63mでした.これは,地震が海岸近くの浅い海底で発生したために津波の波源が海岸に近く,その沖側に水深が急激に増加する急斜面(大陸棚縁部)があり,**図4.8**に示すように,この線での全反射(津波が鏡面でのようにすべて反射される現象)が起こりました.全反射は高校の物理では光を用いて説明されるのですが,ここでは津波を用いて説明します.

水深が変わると津波の波速は変化します.このとき,入射してくる波の波速をC_1,水深が変わった後の波速をC_2とし,入射角をα_1,屈折角をα_2とすると(**図4.9**),$C_1/C_2 = \sin\alpha_1/\sin\alpha_2$(スネルの法則)の関係が成り立ちます.浅い海域から深い海域に津波が伝播するとC_2はC_1よりも大きくなりますの

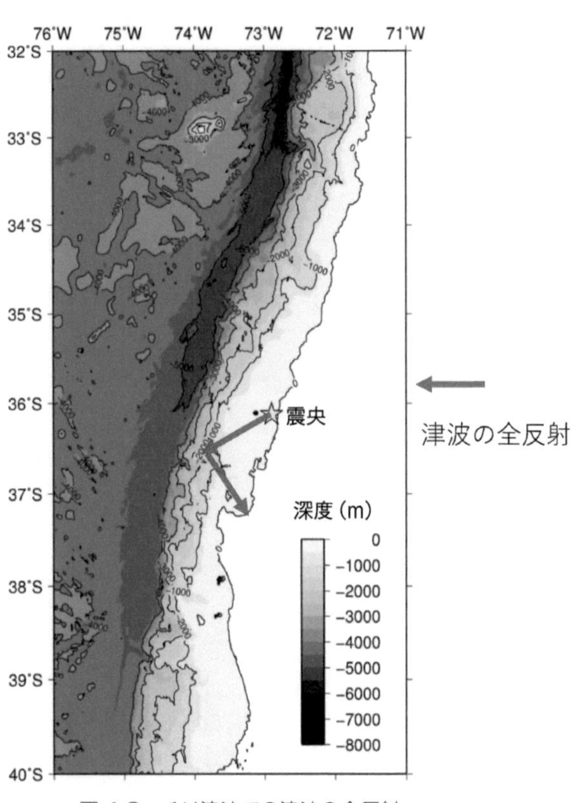

図4.8 チリ津波での津波の全反射

で，$\sin \alpha_2$ は $\sin \alpha_1$ よりも大きくなり，そのために角度 α_2 も α_1 より大きくなります．ちょうど屈折角 α_2 が $90°$ になったときに入射波を臨界波と呼び，それよりも入射角が大きくなると，津波は境界面で全反射することになります(**図 4.9**)．

全反射は浅い海域から深い海域に津波が進むときにしか起こりませんので，世界的には珍しい現象と言えますが，チリでは浅海域にある同じ領域でたびたび地震が起きて津波が発生し，その沖側に急勾配斜面があるためにこのような現象が起こりやすいと言えます．さらに津波は海岸でも反射し，平面地形的には半島で反射されることを繰り返しました．このように津波が沿岸の狭い範囲で反射を繰り返していたことに起因して，津波が何度も押し寄せたことになります．

この津波による死者は津波の規模が大きい割には，地震による死者を含めても 500 人程度と比較的少人数でした．これは①地震の規模が大きく，揺れが大きかったために住民にとっては津波の来襲を具体的にイメージできたこと，② 1960 年チリ津波の経験があり，50 年を経ても年配の住民を中心にその記憶が残っていたこと，さらに③ 2004 年インド洋津波の情報が広く伝わっていて多くの住民が高台に避難したこと，などの理由が挙げられると思います．

タルカワノの港では，陸上に置かれていた輸送用のコンテナが多数流出し，海中に流されていました．**図 4.10** では空のコンテナが海岸に打ち寄せられていますが，これ以外にも荷物を入れた重いコンテナが港付近の海中に散乱していました．このような状況は東京港，横浜港，神戸港などでも予想されてい

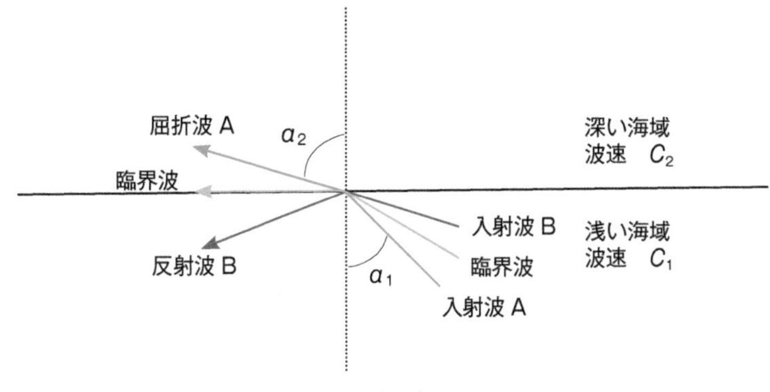

図 4.9　全反射の説明

図 4.10　タルカワノ港からの輸送用のコンテナの流出

るため，津波や高潮時にはコンテナの流出に特に注意する必要があります．

(5) 2010年スマトラ（メンタワイ諸島）津波（インドネシア）

メンタワイ諸島はスマトラ島中部の西方海上に浮かぶ島々で，対岸のパダンから150 km程度離れていますので，船で渡ることになります．旧式の船しか就航してないため，本土からの交通が不便な場所です．2010年10月25日，インドネシア・メンタワイ諸島沖でマグニチュード7.7の地震が発生しました．この地震によって発生した津波は，メンタワイ諸島（北パガイ島，南パガイ島，シポラ島）に大きな被害を与えました．私は，早稲田大学，横浜国立大学，バンドン工科大学からなる調査隊を組織して11月19日からシポラ島において調査を行いました．

オールド・ゴビクでは10人が亡くなりました．海岸付近での津波高は5.69 m，（少し離れた1軒を除く）村内の建物はほとんどすべて破壊され，流されました．建物の破壊の状況から，大きな運動量を持った津波が来襲したと推測できます．海岸付近に家のあった2人の住民は遺体が200 mほど陸側に流されて発見されました．この村は低湿地の中にあり，津波は海側にマングローブの生えた低湿地から侵入しました．村の背後も低湿地で，沿岸道路以外の道がないため，住民は高台への逃げ道がありませんでした．

ベレ・ベリロウでは5人が亡くなり，沿岸部の70軒程度の家が壊れました．被害は海岸に近い部分で起こりましたが，**図4.11**に示すように，村の沿岸部から奥に向かって下り勾配の低地が続くため，最大遡上距離は350m程度になりました．海岸近くで津波高さは3.18m，その後，1.26m，0.35mと低い浸水が村落の広範囲に広がりました．**図4.11**にいくつかの測量結果を示していますが，場所によって海岸から300mを超える地点まで海水の氾濫が広がっていて，影響を受ける地盤高さが2mよりも低い領域の面積が広かったことがわかります．

マソクットでは8人が亡くなりました．村の北側の砂丘の切れ目と南側の川から村内に津波が流入しました．村での最大の津波高は7.15mでした．南側では家が1軒のみ残され，住民も助かったこの家では地盤の高さが周囲よりも少し高いことが幸いしたようです．

被災地域の地理的特徴に着目すると，家屋等は標高2-3m程度の低地に位置しており，高台へと続く道がない場所が見られました．離島の寒村であることを考慮すると，避難ビル等を建造することは現実的ではないため，この地域で

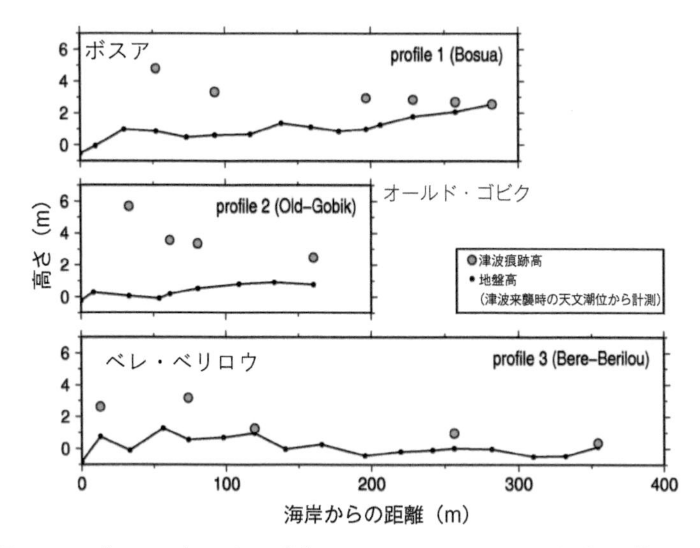

図4.11　ボスア，オールド・ゴビク，ベレ・ベリロウでの浸水断面測量図

は居住地と高地をつなぐ安全な避難路の確保を優先するのがよいと考えられます.

(6) 2011年東北地方太平洋沖地震津波（日本）

私はこれまでにも多くの津波被災地の調査を実施してきましたが，東北津波の調査では氾濫域に子供たちのランドセルや教科書なども散乱していて，被災前の日常生活を想像しやすいために，調査活動は大変につらい作業となりました.

この地域は1896年に明治三陸地震津波に襲われています．死者2万6,360人で，これは今回の東日本大震災にほぼ匹敵します．三陸海岸ではこれまでに明治三陸地震津波，1933年昭和三陸地震津波，1960年チリ津波などをイメージして，防災対策を実施してきました．明治三陸地震津波の規模の津波が来たときにも生き残れるような対策を立てるというのが基本的な発想で，沿岸防災の計画を作っていました．ただ，これも完全にそのとおりになっているわけではなく，例えば**図4.12**に示すような大きな被害を受けた田老（たろう）地区ですと，明治三陸地震津波の際は15 mぐらいの津波が来襲していますが，15 mの防潮堤は高すぎるだろうということで，10.5 mの防潮堤にしておくなど，地元の市町の判断が入っています．津波の研究者から見ると，場所に応じて三重の防壁

図4.12 東北津波による田老地区での防潮堤の破壊例

が築かれていたという認識でした．例えば釜石では①まず湾口防波堤で湾の中に入ってくる津波を跳ね返す，②次に陸上に氾濫して来ようとする津波を海岸線陸側に築いた津波防潮堤で止めて，防潮堤の中の住居を守る，③最後は津波避難場所が指定されていて，そこに住民が逃げ込むということで，三重の防衛ラインとなります．ところが 2011 年東北地方太平洋沖地震津波では次々とその防衛ラインが破られていきました．**図 4.12** は田老地区での防潮堤の破壊の例を示しています．

私は 3 月 12 日はテレビ東京のスタジオで次々に入ってくる被災地の映像を見ながら解説をしていました．本当に痛ましい映像が次々と映し出される光景に大きな衝撃を受けていました．3 月 19 日には新聞社の航空機に搭乗して，空から状況の分析をしました．私の見慣れた青や緑などの色彩の豊かな東北地方の海辺ではなく，茶色の泥にまみれた海岸線を，津波による被災のメカニズムに着目しながら観察しました．**図 4.13** は，名取川の河口付近で，津波前の海岸線が崩壊し，貞山運河を超えて汀線が後退している様子を撮影したものです．

2011 年東北地方太平洋沖地震津波の特色は，**図 4.14** に示すように，北海道から九州地方に至る広範囲にわたって津波が観測されていることです．宮城

図 4.13　津波の 8 日後の名取川河口周辺の航空写真

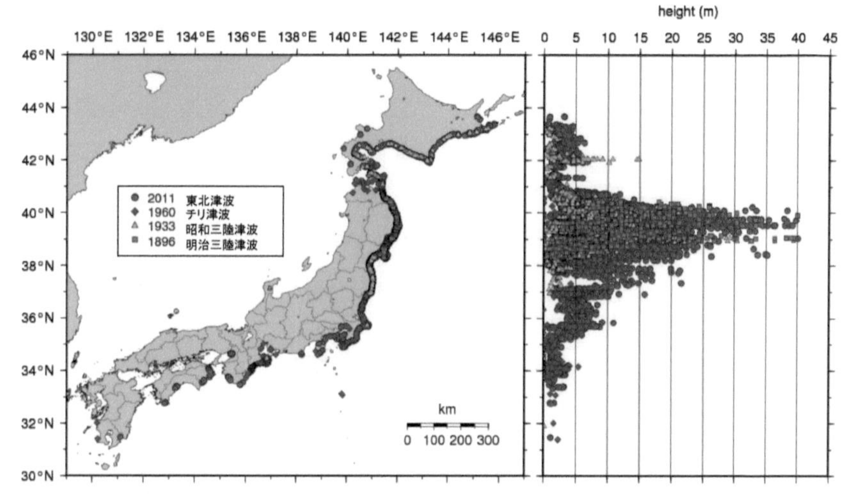

図 4.14 東北地方での津波高さの分布

2011 年東北地方太平洋沖地震津波の痕跡高は，統一補正データ（津波合同調査グループ）（リリース 20110826 版）による．

1933 年昭和三陸地震津波，1896 年明治三陸地震津波の痕跡高は，津波痕跡データベース（東北大学・原子力安全基盤機構）による．

県南部の低平地から福島県に至るまで津波が来たという記録は，明治以来 135 年の間にはないのです．1896 年の明治三陸地震津波では，最大で 40 m 程度の遡上高があり，今回の津波に匹敵するぐらいの高さのところがあるものの，発生した場所は岩手県から宮城県北部のリアス海岸に限られる狭い範囲だったのです．昭和三陸地震津波の際は，それに比べると最大でも 30 m 程度と津波高もいくぶん低くなっています．

私は調査の一環としていろいろなところで地域住民の方にインタビューをするのですが，昭和三陸地震津波については「私は経験しました」という方が何人かいらっしゃいました．**図 4.15** に示す「此処より下に家を建てるな」の石碑で有名な姉吉（あねよし）集落では，100 歳の漁師さんがいらっしゃり，その隣りに同じく漁師の 70 歳の息子さん，それから 61 歳の息子さんのお嫁さんと話をする機会がありました．100 歳のお父さんは，昭和三陸地震津波のときに自分は漁に出て沖合の海にいたので助かったとおっしゃっていました．昭和三陸地震津波の記憶は住民の方に残っていて，ここまでは大丈夫だったという意識のある方がいらっしゃるのです．ところが今回の津波は，昭和三陸地震津波より大き

図 4.15　姉吉の石碑

く，経験を上回っていたということで，2 万人を超える犠牲者が出たのだと思います．広範囲であったことと，直近の経験である昭和三陸地震津波と，チリ津波（津波高さは最大でも 8 m 程度）を上回ってしまったという 2 つの要因があったと思います．

この石碑は今では有名ですが，建てられた後に林の中にしだいに埋もれてしまい，地元でも忘れられそうになっていたそうです．道路の付け替え工事の際に再発見され，道のわきに移動して改めてその存在を再認識したと住民の方に伺いました．

三陸海岸は典型的なリアス海岸ですから，湾奥で，しだいに湾の幅が狭まっていくと，奥の方で水があふれ出ることになります．**図 4.16** に示す宮古港の周辺では漁船が陸上に氾濫した津波によって運ばれました．東京湾や伊勢湾，大阪湾などにもしも津波が押し寄せてきたら何が起こるかという視点で見ると，船の漂流はかなりの脅威です．船は，もちろん港につながれているわけですが，それが街に入り込んで構造物に衝突するのです．今まで私が調査した事例の中で，大きな船が漂流したのは，米国のハリケーン・カトリーナの高潮のときですが，このときは，巨大な船が陸上に乗り上げて，10 階建て以上の鉄筋コンクリートの建物にぶつかって双方が壊れたというようなことがたくさんありました．東北地方太平洋沖地震津波の特徴の 1 つは，たくさんの漁船を

図 4.16　宮古市内の被害と漂流した漁船

はじめとする漂流物が市街地に押し寄せて建物にぶつかったということです．

漂流物については，私の研究室で博士号を取得したイオアン・ニストール教授（カナダ・オタワ大学）が，水理実験，数値モデルを駆使して，研究を続けています．そのうちの1つに，漂流物が作る自然のダム（デブリダム）の問題があります（Stolle et al., 2018）．津波の氾濫流に巻き込まれて引き抜かれた樹木や木造家屋の破片などの固形物が構造物や突起状の地形に付着，堆積することで発生する，瓦礫荷重の1つです．デブリダムの存在により，構造物に作用する力が増加し構造物自体が崩壊したり，流れの遡上や流れの速度や加速度など，設計条件に影響を与えるいろいろな条件が変化することになります．これまで，デブリダムの研究は，河川の上流域で大雨が降った際に抜けた樹木や崩壊した土砂が自然のダムを作り，ダムの越流によって一気に崩壊し，土石流を発生させる例が多いために，河川工学の分野でも行われてきました．オタワ大学と早稲田大学の共同研究では，津波氾濫流の条件としてダム崩壊波を用い，瓦礫は沿岸域でよく見られる輸送用コンテナ，電柱，破損した木造家屋をイメージした木片ボードを縮小して使用しています．解析では，デブリダムの崩壊による流れと漂流物の相互作用に伴う流れの条件変化を含めて，瓦礫による流れの堰き止めのメカニズムの違いについて検討を行っています．さらに，デブリダムの影響により，津波氾濫流のみの場合よりも最大荷重が早く発生し，より

図 4.17　志津川地区の被害

図 4.18　志津川地区沿岸部の津波避難ビル

大きくなることを明らかにしています．**図 4.16** は宮古市内に漂着した船と，市内の被害の状況を示しています．

図 4.17 に示すように街の中心部が大きな被害を受けた宮城県の南三陸（みなみさんりく）町志津川（しづがわ）地区には，海岸近くに津波避難ビルがありました（**図 4.18**）．この建物は通常は町営のアパートとして使っていましたが，屋上は津波の避難場所と

なっていました．**図4.18**を見ると，建物の右側の外からも登れる非常階段の上部に，津波避難ビルを示す標識がついています．南三陸町が避難計画を作ったとき，この辺には商店街がありましたので人がたくさん住んでいるのですが，海の近くに避難できる場所がなく，丘まで逃げるのには時間が掛かるので，ここに防災の拠点として避難ビルを造りました．4階建ての津波避難ビルだったのですが，ここは浸水高15.5mで，屋上まで水が来てしまいました．津波外力の特徴は，長時間にわたってずっと構造物を押し続けることです．地震ですと，衝撃を与えるため，大きな荷重が掛かるのは長くても十数秒です．ところが津波の場合には水がとうとうと継続的に流れ込みますから，その時間ずっと押し続けるために，構造を強化していない建物だと倒れてしまう可能性があります．この津波避難ビル自体は津波避難ビルの設計ガイドラインに沿って設計されていましたので，横からの津波外力に耐えることができました．津波避難ビルですから，この階段を上って屋上に逃げろという標識が付けられています．これに従って，住民は屋上に逃げました．私がインタビューしたのは，このアパートの1階に住んでいる方です．まだ小学校に行っていない小さなお子さんがいらして，その方が子供をつれて屋上に逃げました．第一波は3階のちょっと上，4階のところを通り過ぎていったのです．それは大きな運動量を持った流れです．その後，その水は志津川地区の平野部分に氾濫して，地区の奥に丘がありますので，そこで堰き止められて水位が上がります．丘に当たって水が流れなくなると，津波先端の後ろの部分の水位が上がり，屋上の床から71cmのところまで来ました．その住民の方は「こうやって（子供が）水にぬれないように持ち上げていた」と教えてくれました．あともう少し水位が増えていたら，流されるなどの被害が発生していた可能性があります．

一方で，仙台平野では貞観津波以来1142年ぶりに大きな津波が来襲しました．その際に海岸線の防潮林が役に立ったかというと，今回の津波に対しては役に立たなかった場所が多いと思います．松は意外に容易に地面から引き抜かれてしまい，抜けた松の木が津波の水と一緒に押し寄せてきました．これらの木々が，他の漂流物と一緒になって衝突したり，あるいは建物の周囲に絡みついて動水の圧力を増加させるなどして構造物を壊すというようなことが起こりました（**図4.19**）．したがって，運動量の大きい津波が陸上に氾濫してきたときは，海岸林は被害を増大させる可能性があります．この点はインド洋津波，

図 4.19　防潮林から抜けた木が建物周囲に絡みついた事例

図 4.20　相馬市磯部の崩壊した海岸堤防

動画 3　防波堤背後 PIV 画像（https://youtu.be/S1cXJL2kdiQ）
東北津波では防潮堤の背後が津波の越流により洗掘されて堤体が崩壊しましたが，この動画では防潮堤背後の流速の様子を PIV（粒子画像流速測定法）を用いて表示しています．（早稲田大学理工学術院柴山研究室制作）

東北地方太平洋沖津波などと同様に，津波の外力が大きな場合には深刻な問題になります．

図4.20に示すように，福島県相馬市でも海岸堤防の大規模な崩壊が起こっています．堤防背後の浸水高は6.86 mと周辺の海岸に比べて少し低くなっていました．沖側には，消波ブロックがあって，消波ブロックが置いてあるところは裏側の海岸堤防が壊れていません．ただ，消波ブロックの設置には沿岸方向に間隔を空けます．間を空けないと海岸付近の水が外側と交換しないので間を空けるのですが，この部分が弱点になり，その背後の消波ブロックがない部分を中心に壊れていました．破壊の間隔が消波ブロックのすき間の間隔におおむね一致する場合がありました．岩手県以外の日本の海岸は津波ではなく，高潮と高波を対象に海岸防護構造物を作ってあり，この海岸のように消波ブロックを沖側に配置して離岸堤を設置し，岸に海岸堤防を構築する海岸が多く，このような海岸ではどのような壊れ方をするのかというイメージを持つのに参考になる事例です．具体的には，離岸堤の隙間の背後となる堤防を強化する，隙間の沖側に新たに離岸堤を部分的に構築するなど，津波の伝わり方を踏まえた工夫をしていく必要があります．

(7) 2018年スラウェシ島津波（インドネシア）

2018年9月28日にインドネシア・スラウェシ島のパル湾で津波が発生しました．このときは日本とインドネシアだけではなく，カナダ，ドイツ，米国の研究者も加えて，国際的な調査隊を編成し，私が隊長を務めました．幅7.5 km，長さ28 kmほどの狭い湾内で起こった津波ですが，現地時間の夜の9時半に発生し，津波だけではなく，軟弱な地盤の液状化によって住宅地が広範囲にわたって土の中に陥没して飲み込まれてしまうことも重なり，死者は430人を超えることになりました．液状化の現場は私も訪れたのですが，密集した住宅街が液状化によって地下に沈んでしまい，破壊された住宅の破片が土の中に混ざり合っている状況が広がっていました（**図4.21**）．この現場はもともと川の氾濫原の軟弱地盤の上に住宅が建設された場所で，液状化しやすい場所でした．

多くの津波でその発生原因となる海底での鉛直方向の断層変位の他に，パル湾では，海底および沿岸での斜面崩壊，湾口外にある半島の水平変位，急峻な海底斜面によるスロッシング（地震動による湾水の振動）などの要因が複雑に

図 4.21 液状化によって埋没した住宅街（インドネシア，スラウェシ島）

重なり合ったまれな津波となりました．この調査からは空中ドローンが観測用機材として実用化し，海底地形の測量に音響測深器（ソナー）を活用するようになりました．空中ドローンの映像を津波発生前の衛星画像と比較することにより，津波による汀線の後退量を求めたり，破壊されて中に入れない構造物の崩壊の原因を求めるために用いました．また，ソナーの出力と GPS を併用することにより，地震，津波後の海底地形を求めました．一方で，このために大量の電子データを取得することになり，昼間の調査終了後の夜間にデータを整理し，そのデータを東京などほかの地域にいる共同研究者にインターネット経由で送り，同時並行的にデータ処理を進めることなどが当時修士課程の学生であった西田悠太君の活躍により，可能になりました．このために夜間の作業が増えて，調査者の睡眠時間不足による健康管理にも気を配る必要性が高くなりました．

海底地すべりによる津波の発生の瞬間は，地震発生時に間一髪で離陸した民間航空機 BATIK6321 便の操縦士であるリコセッタ・マフェーラさんがビデオ撮影をしていました．私はこの方に直接会ってインタビューしたのですが，水面の擾乱が津波になって海岸に押し寄せるとはそのときは予見しなかったとのことです．私たちは水面の擾乱が起こっている場所をビデオから特定し，海底をソナーで測深して，海底での斜面崩壊の状況を計測しました（**図 4.22**）．

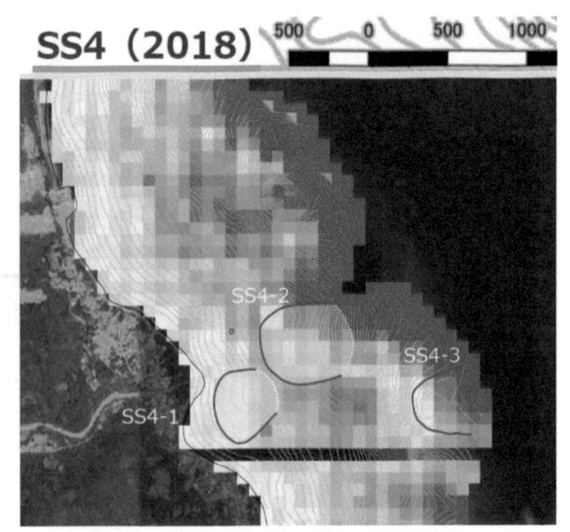

図 4.22 海底での斜面崩壊の場所の特定

動画 4 斜面崩壊による津波 (https://youtu.be/Nmecor3XsyU)
スラウェシ島津波では，陸上，海底の斜面が崩落して津波が発生しましたが，この動画はその様子を実験室で再現したものです.
(早稲田大学理工学術院柴山研究室制作)

斜面崩壊にはもう1つの要因があります．パルは建設材料のコンクリートの原料の1つである砂利の生産地で，海底での斜面崩壊のあった地域の沿岸部では，山を切り崩して砂利の生産をしていました．このため，陸上にも海底にも採取し残した砂利が急斜面を形成しながら存在していて，地震動によってこの斜面が崩壊したことが主な津波の原因となりました．早稲田大学の研究チームでは，数値シミュレーションで津波の高さを算定し，さらに室内模型実験で斜面崩壊による造波の発生機構を再現することにより，斜面崩壊が最も大きな造波要因だったことを確かめています．

湾口外にある半島の水平変位については，湾奥から北に 85 km ほどのところにある半島が地震により北に移動したことがわかっています．このために，半島が造波機のようなはたらきをして，負の水位変動が発生した可能性があります．私たちが半島近くで聞き取った情報では，この半島の南側で出漁していた漁民が，地震時に波が発生し，南方向（パル湾湾奥方向）に向かって進んで行くのを目撃していました．半島南側では斜面の崩壊も起こっています．この波は進行方向から判断すると，パル湾内に向かって伝播し，湾内の津波に影響を与えたと考えられます．

(8) 2018 年スンダ海峡津波（火山噴火による津波）（インドネシア）

スンダ海峡津波は，アナ・クラカトア火山の噴火によって起こりました．津波の発生が現地時間の夜 9 時半だったこと，地震がなかったために住民は津波を予見できず，津波が突然来襲したことなどにより，ここでも 430 人を超える方々が亡くなりました．音楽のライブ会場で突然舞台が崩壊する映像が残されているので，ご覧になった方もいらっしゃると思います．

クラカトア火山は 1883 年にも噴火し，大規模な津波がバンダルランプンの街を襲いました．このため，バンダルランプンでは都市域が沿岸から撤退して丘の上に移転しました．私は1991年8月にインドネシアの大学の教員を集めて，この町で海岸工学の集中講義を 1 週間ほど行ったのですが，その際には沿岸域には仮小屋のようなレストランが 2 軒ほど営業していただけだったのですが，今回の津波の調査に伴って再訪してみると，その後 30 年ほどの間に 1883 年の教訓はしだいに忘れられたのか，沿岸にも多くの住宅，商店，レストランが進出していました．

クラカトア諸島は，今回噴火したアナク・クラカトア島の周りを 3 つの島が囲んでいます．この島々は国定公園に指定されていて，人は住んでいません．空中ドローンを使った地形測量を行ったところ，噴火により，アナク・クラカトア島の体積の 1/3 に当たる 0.286-0.574 km^3 ほどの土砂が海中に崩壊し，津波が起こったことがわかりました（**図 4.23**）．周辺の 3 島の植生の変化から 50-80 m の高さの津波がクラカトア諸島内で発生したことがわかります．この 3 つの島が津波の影を作り出したために，周辺のスマトラ島，ジャワ島での津波高さは影でない部分で高く，影の部分で低くなることになりました．具体的にはスマトラ島のカハイビーチ周辺で 6.1 m，ジャワ島のシペンユーでは遡上高 12.7 m の津波が来襲しました（**図 4.24**）．シペンユーでは海岸に建てた建物の半分が流されており，周辺の丘に津波が遡上していた跡が残っていました．

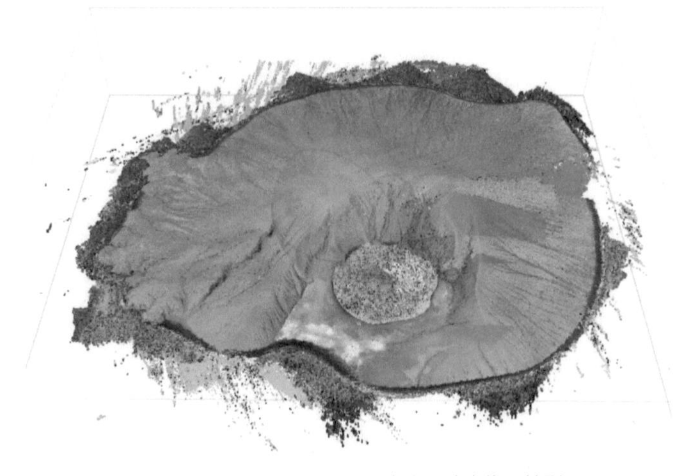

図 4.23 クラカトア火山の噴火後の地形

動画 5 クラカトア火山ドローン映像（https://youtu.be/WCTr2Sx7980）
クラカトア火山の噴火により大規模な津波が発生しましたが，この動画は噴火後の様子をドローンを用いて空中撮影したものです．海岸から噴火口までの様子が見られます（2019年8月撮影）．（早稲田大学理工学術院柴山研究室制作）

図 4.24 シペンユーでの津波氾濫

(9) フンガ火山噴火津波（トンガ諸島）

2022年1月28日に，トンガ諸島の海底火山であるフンガ火山が噴火し，津波が日本列島に伝播してきました．津波の到達時間が予想よりも早く，津波の高さも1mを超える場所があるなど，通常考えられている津波とは違う特性を持っていました．これは2つの現象が連続して起こった結果と考えることができます．①噴火による爆発で空気が圧縮され，その衝撃波つまり「空気の振動」(空振）が，まずは28日午後8時頃に日本にやってきました．これにより日本周辺の気圧に変化が起き，潮位の変化を起こしました．空気の振動の速度は音速と同程度なので，それより遅い通常の津波よりも早くやってきたことになります．②トンガの大規模な海底噴火で，海底地盤が変化したり堆積物の落下があり現地の海面に大きな変動が発生し，通常の海面の津波として太平洋を伝播してきました．これが28日午後11時ごろから日本に到達したことになります．

空振により，遠方で津波が励起されることは，まれにしか起きない事例ですが，その場合には津波の到達時間が大幅に早まることがあることを改めて確認したことになります．このような現象は，1883年のクラカトア火山噴火以来，139年ぶりのことでした．このような大規模な噴火のようなことがあれば，また同じことが起こって，津波が予想より早く来ることがあると覚えておく必要があると思います．たまたま，日本ではおおむね天文潮位が干潮の時間帯に来襲したので海水が防潮堤を超えて浸水することはありませんでした．もし満潮の時間帯に起きていたら，もっと水位が高くなって被害が出ていた可能性もありました．

コラム❶

インドネシアの調査許可取得

インドネシアでは，メンタワイ諸島津波（2010年）のころまでは津波被害の調査に際して政府の許可を得ることは求められていませんでした．ところが，パル津波（2018年）のころから規制が始まり，政府機関の許可が必須となりました．これは外国から調査に赴くチームにとっては大変な作業で，インドネシア国内の指定の銀行口座に現地通貨（ルピア）で登録料を払い込む必要があります．ところが，日本からの送金は厳しく規制されていて，日本からの直接の送金は実際には著しく困難です．さらに許可を得るには送金後に面接審査が必要で，インターネット経由でも面接を受けられるのですが，日は指定されても時間は決まっておらず，到着順に順番が回ってきたら面接があるというやり方です．私はインターネットの呼び出しを待っていたのですが，指定された日には順番は回ってきませんでした．結局，現地の共同研究者であるアチアリ先生に審査料を支払ってもらい，インドネシアに到着してから精算することとし，面接は調査チームの一員であるスマトラ工科大学の若手教員に受けてもらうということで対処しました．2018年のパル地震津波，スンダ海峡津波のいずれについても，現地研究者の助けなしには政府の現地調査許可を得ることはできなかったと思います．

4.2 高潮・高波の実例

以下では高潮・高波の現場では何が起こったかを解説します．小田原大海嘯（1902年），大正6年東京湾高潮災害（1917年），伊勢湾台風（1959年）などの歴史的な高潮・高波や，最近の私自身の災害調査事例である事例からいくつかを選んでエピソードを含めて解説します．

（1）歴史的な高潮・高波

小田原大海嘯は1902年9月28日に相模湾岸に上陸した台風により起こった高潮・高波による被害です．酒匂川の右岸と左岸の広い範囲にわたって海水が侵入し，小田原市小八幡などで家屋が倒壊した写真が残っています．

東京湾内で最大の浸水域を記録したのは1917年の大正6年台風です．この台風は9月30日に駿河湾を経て沼津に上陸し，浦和付近を通過して東北地方を北上，日本列島を縦断してオホーツク海に到達しました．東京湾の西を南西から北東に通過したため，ちょうど通過時に東京湾奥に海岸線に直角に強い風が吹きつけました．不都合な条件が重なり，折悪しく同時刻に天文潮位が満潮を迎えたために，東京湾における既往最大の高潮になりました．死者・行方不明者は1,300人を超えました．川崎，羽田，大森から品川にかけての沿岸域，および京橋から船橋にかけて江東デルタの沿岸域に広く浸水し，吹き寄せと吸い上げ，天文潮を合わせた潮位偏差は2.3 mになりました．私の研究室で修士論文を執筆した舘小路晃史さんはこの高潮の数値モデルによる追算を試みて興味深い事実に気が付きました．1917年当時は東京湾奥には遠浅の海が広がっていて，高潮は2.3 mに達しました．その後，1960年代の日本経済の高度成長期を中心として湾奥での埋め立て事業を進めたために，遠浅の海岸が消失しました．高潮は遠浅の海で発達しやすいので，予測される高潮の高さは海上部分では半分程度になります．ところがその後さらに埋め立て後の地形を検討してみると，平面的には水路が複雑に入り込む地形となっていて，高潮が幅の狭い水路に入り込んで増幅されたり，水路が行き止まりになる，あるいは別の水路を進んだ高潮が再び出会うなど，水の挙動が複雑になった効果で局所的に水位が高くなる場所があることがわかりました．具体的には川崎市の京浜運河，さらに内陸への出入り口になる池上運河など，東京都では江東区の隅田川河口周辺から江戸川河口にかけて広がる運河網などが水の侵入経路が複雑となる地形を有する場所です．

1959年9月の伊勢湾台風では，名古屋市の沿岸部を中心に伊勢湾沿岸の広い範囲で高潮が陸上に氾濫し，大きな被害を発生させました．死者の数がおおむね5,000人を超え，その後の日本の沿岸防災に大きな教訓を残しました．高潮高は名古屋港で3.45 mを超え，堤防を越流しました．貯木場に蓄えられていた木材が流出し，漂流物として堤内に侵入して建物を破壊したことも被害を大きくした原因の1つとなっています．私は当時小学校に入学したばかりでしたが，新聞の1面に掲載された被災地の写真を覚えています．伊勢湾台風による高潮は，高密度の都市域を伊勢湾，大阪湾，東京湾の湾奥部に有する日本の沿岸防災の政策に大きな影響を与えました．その後の高度経済成長期には，臨海部の産業基盤を守るために，これらの主要な3つの湾を中心に，高潮防潮堤の建設が進められ，現在の沿岸災害防護施設の最も大切な部分を担っていると言えます．

以下では私の最近の調査例を示します．

(2) 2005年カトリーナ高潮（米国，ニューオーリンズ）

2005年8月29日にルイジアナ州に上陸したハリケーン・カトリーナはニューオーリンズなどで高潮被害を発生させました．死者は1,300人を超え，延長300 kmを超える沿岸地域で広域的な避難が実施され，市街地の復興には数年を要しました．私は土木学会の調査隊長として，7人の日本人研究者とともに，アメリカ工兵隊（Army Engineer Research and Development Center），連邦緊急マネジメント庁（Federal Emergency Management Agency, FEMA）の協力を得て，ルイジアナ，ミシシッピー州沿岸部の被害調査を行いました．ニューオーリンズは街の中心部でも地盤が低く，住宅地を守っていた高潮防潮堤が破堤したため，住宅地が広範囲にわたって浸水しました．ミシシッピー州のガルフポートでは海岸線から130 mの地点で10.5 mを超える高潮高となり，浸水は海岸線から470 mの距離にまで及んでいました（**図4.25**）．図で，建物が大きく破損しているのは，漂流した船が衝突したためです．

私たちの調査は同年の11月27日から12月2日まで行ったのですが，その時期ほとんどの住民が避難した後のニューオーリンズの住宅街で，自家発電機を使ってただ1軒の家が明かりを灯している様子が印象的でした．ビロキシでは，ある家は被災しているのに，隣家の敷地は2.6 mほど地盤高が高く，何の被害も生じておらず，両者の被災の程度が少しの地盤高の違いによって大きく

図4.25　ガルフポートでの建物の破損

異なっていました．このころからGPS（全地球測位システム）の精度の向上に伴って，災害調査での使用が普及するようになりました．高潮浸水深の測定点の位置が，手持ちの受信機で簡単に精度よく求めることができるようになり，調査の能率は著しく向上しました．

ミシシッピ川河口部を含めて，ルイジアナ州沿岸部はハリケーンの被害が多く，被災地域の災害保険料を災害確率に応じて区分して指定し，建物の1階部分をピロティ形式（壁を作らず，柱だけとする）にすることを地域によって義務化するなど，日本にも参考になる制度を持っていました．周辺のメキシコ湾，カリブ海の海表面温度の上昇が顕著で，大型のハリケーンの来襲が頻発していて，今後も警戒する必要があります．

(3) 2006年10月東京湾　陸棚波による浸水（日本）

2006年10月に神奈川県庁横浜治水事務所の力石三喜夫所長が，困り顔で私の研究室に相談に来られました．太平洋岸を急激に発達しつつ低気圧が通り過ぎた次の日に，すでに空は晴れているのに突然に東京湾の水位が上がり，大黒ふ頭が冠水するとともに，横浜駅付近を流れる帷子（かたびら）川に海水が遡上し，各所で堤防の隙間から道路上などに海水があふれてきたのです．当初は原因がわからず，私も困りました．低気圧に起因する強風による吹き寄せによって銚子沿岸で異常に高い潮位を発生しました．貨物船ジャイアントステップ号が鹿島港付近で浅瀬に乗揚げ，船体が2つに分断された事故はこのときに起こりました．その付近での水の高まりが陸棚波となって，おおむね1日をかけて伝播し，横浜周辺で60 cmに達する異常な潮位をもたらしたことが私の研究室の分析でわかりました（**図4.26**）．実はこのような現象は10年に1-2回程度の頻度でこれまでにも発生していて，大きな水位のときに浸水が発生することが後の調査でわかっています．横浜治水事務所では次回の発生に備えて，技術者用のマニュアルを備えたと聞いていますが，発生頻度が低いことを考えると，技術担当者が危険性に気が付くかという点では不安が残りますし，住民へ即座に情報が伝達されることも難しいと思います．東京の隅田川などでは，海岸堤防の外側（堤外地と呼びます）に設置してある遊歩道に水があふれるなどの状況が予想できます．気象の擾乱があったときには，数日間は海の異変が起こるかもしれないという意識を持っていることが身を守ることに通じると思います．

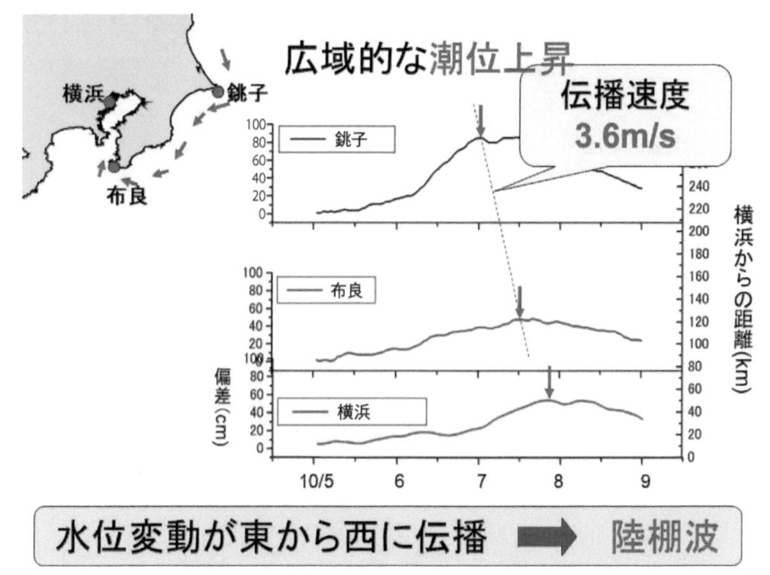

図 4.26　鹿島沖から東京湾への陸棚波の伝播

(4) 2007年シドル高潮（バングラデシュ）

2007年11月15日にバングラデシュ南西部を通過したサイクロン・シドルは5,100人ほどの死者を出しました．1991年にほぼ同様のコースでサイクロンが通過した際に発生した高潮での14万人の死者，同じく1970年の高潮での40万人にのぼると言われている犠牲者に比べると，大幅に減少しています．私は土木学会の調査隊の隊長として，4人の日本の大学教員，3人のバングラデシュ工科大学の若手の教員（いずれも日本の大学院で博士号を取得しています）とともに調査に当たりました．その結果，1991年に大きな被害を出した後に，日本をはじめとする国際社会の援助で，**図 4.27** に例示するような多くのサイクロンシェルターを建設したことが，死者の数を飛躍的に減少させたことがわかりました．

私が調査したシェルターは2階建てで，1階部分は高潮の氾濫水が通過するように柱のみがあり（ピロティ構造），2階は平時には学校として使用される場合が多いようです．2階は女性と子供の避難場所，屋上部分は男性の避難場所として使用されます．高潮が来たときに，2階部分の床から59 cmまで水が来てしまったという例がありました．ここではあと1 m水位が高かったら2

図 4.27　バングラデシュのサイクロンシェルター（高潮時の避難場所）

階部分に避難していた人はおぼれてしまったということで，危機一髪で何とか助かったといったことでした．一方で，屋上部分に多くの人がいたため，夜間であったにもかかわらず，雷の光に照らされて，高潮が段波状の波を形成して陸上に氾濫していく様子が目撃されました．それまでは高潮は水の高さで表現されることが多く，水の表面が段のようになって大きな渦を伴って進行してくるというイメージでとらえられることはなかったのですが，シドル高潮以降は高潮のイメージが大きく変わることになりました．高潮は津波と同じように暴力的な水の流れを伴って押し寄せて来るのです．

一方で，携帯電話の急速な普及により，避難が早くできたという面もあります．ダッカに出稼ぎに出ている村の若者たち（特に縫製工場に勤務する女性労働者）がたくさんいて，都会でテレビのニュースを見て，沿岸域に住んでいる家族に早めのシェルターへの避難を携帯電話で呼びかけたことが避難のきっかけになったとの証言がありました．バングラデシュでは沿岸から 200 km の範囲に標高 3 m 以下の地盤高さの低い地域が広がっていて，高潮時に避難できる高台が全くないために，シェルターの建設と維持，そこへの避難が死者を減らす唯一の解決策だったと言えます．

(5) 2008年ナルジス高潮（ミャンマー）

2008年5月2日夕方から翌3日の早朝にかけて，サイクロン・ナルジスがミャンマー南部のイラワジ川，ヤンゴン川の流域の沿岸域を通過しました．私はミャンマー農業灌漑省灌漑局の協力を得て，5月11日から15日まで横浜国立大学調査隊隊長として高潮の調査を行いました．このときは，当時私の研究室で助手を務めていた高木泰士博士（現・東京工業大学教授）がともに調査に当たりました．災害発生と同時に当時のミャンマーの軍事政権は査証の発行を停止したので，海外からの調査隊は一切入国できない状態になったのですが，私はたまたま同時期に農業水利施設の調査のために査証を取得していたために入国することができました．それでも外国人への行動規制は厳しくて，調査対象地域への出入りは骨の折れる作業となりました．

サイクロンの接近は天気予報によりヤンゴン市内にもイラワジ河口域にも伝わっていたようです．この地域の住民は数十年にわたって大きな高潮に見舞われたことがなく，サイクロンの接近によって具体的にどのような事態になるのか，イメージがなかったようです．このために死者が13万人を超える大きな災害となってしまいました．インド洋に発生するサイクロンは通常はそのほぼすべてがバングラデシュに向かうため，ミャンマーには高潮の被災経験がありません．ところが近年はイランを襲ったサイクロン・ゴヌ（2007）など，例外

図4.28 ヤンゴン港での高潮高さ

が散見されるようになりました．バングラデシュに前年に来襲したシドル高潮の被害と比べると，災害経験と災害への準備が，被災結果に大きく影響することを示す例となったと思います．

計測の結果，高潮の水位はヤンゴン川本流部でおおむね3-4 m程度となりました．流域では水田に水を供給する灌漑用の水路が張り巡らされていて，高潮による氾濫水はこの水路網を逆流することにより，内陸深くまで到達することになりました．**図4.28**に示したのは，ヤンゴン港に近いヤンゴン川の対岸への渡し船の船着き場です．常時多くの人が行き来していますが，常駐している案内人の証言から高潮来襲時の水位を推定しました．

(6) 2008年寄り回り波（富山県，入善）

2008年2月に「寄り回り波」と呼ばれる日本海特有の高波が富山県沿岸で発生し，入善（にゅうぜん）町などで海岸堤防を越えて住宅地に海水が浸水しました．強い冬型の気圧配置の下で強風により高いうねりが発生し，日本海中部の海岸に押し寄せる現象をこの名称で呼ぶことがあります．

私は横浜国立大学隊を率いて入善地区を中心に調査を行いましたが，たまたま隊員の柏原英広君（当時，横浜国立大学大学院学生）が地元の出身で，同級生の家が浸水したため詳しく話を聞くことができました．冬の時期に発生する

図4.29　寄り回り波による海岸堤防の崩壊

図 4.30 寄り回り波による海岸の侵食

高波は，富山湾が急峻な海岸地形であるために浅海域での波の砕波による減衰効果が少ないこともあって地元では知られていたのですが，このときは周期が12秒程度と長かったこともあり，海岸堤防を越えてしまったのです．**図 4.29** に示す海岸堤防の崩壊，**図 4.30** に示す海岸の侵食などの被害がありました．

(7) 2012年ハリケーン・サンディ高潮（米国，ニューヨーク市）

2012年10月29日にハリケーン・サンディがアメリカ東海岸に上陸し，ニューヨーク州やニュージャージー州の沿岸部では高潮被害が発生しました．このうち，ニューヨーク市では地下鉄を含む地下空間への浸水や，変電所が浸水したことに伴う停電など，大都市としての機能に大きな被害が生じました．私は災害発生からおおむね10日後にマンハッタン島やスタテン島で早稲田大学調査隊の隊長として高潮の調査を行いました．

高潮の痕跡から，マンハッタン島で2.5mから3mの浸水高，スタテン島南部では4m程度の浸水高であったことがわかりました．マンハッタン島では浸水の可能性が高い標高の低い地域は海岸付近に限られていて，例えばウォール・ストリートでは浸水は海岸線から水平距離で210mの地点までに限られておりその先は急速に地盤高が高くなるため，海からの浸水の可能性はないことになります．このためか，被災時にはマンハッタン島では浸水対策のための

図 4.31　浸水のために閉鎖された地下鉄の入り口

構造物は海岸沿いには見られず，当時は構造物により浸水から町を守るシステムはなかったものと思われます．一方で，スタテン島ではニュードープ地区などで広範な地域に氾濫が広がり，局所的な洗掘が見られるなど，流速が早かったことによる被害が発生していました．

マンハッタン島南部で浸水した地域の建物は地下鉄や建物の地下階に浸水したため，大きな被害となりました．浸水地域にあったホワイトホール，サウス・フェリー，レクター・ストリートの地下鉄の3駅では駅の入り口や通気口から地下鉄施設内に海水が侵入しました（**図 4.31**）．ニューヨーク市の場合には，市長の決断により，サンディの上陸前日に37万5千人への避難命令と地下鉄とバスの運行休止が決まっていて，運行車両も退避していたために，運行の再開は比較的容易であったと思われます．これは2011年に同じくニューヨーク市に来襲したハリケーン・アイリーンのときに長期間にわたって運行ができなかった苦い経験に基づいてあらかじめ計画された措置でした．

ニューヨークの調査に当たっては，事前には同じ大都市で地下鉄網を持つ東京の教訓になることがたくさんあるのではないかと思っていました．ところが実際に調査してみると東京の方がずっと厳しい環境であることを改めて認識しました．ニューヨーク市では主要な市街地が丘の上にあるために，浸水の可能性がある地域は海岸線から数百 m に限られているのですが，東京の場合，江東デルタを中心に，海抜0m地帯が124 km^{2}もあり，150万人もの住民がいるのです．したがってニューヨークの事例を参考にしつつ，台風の接近に伴ってタイムライン（台風の接近時にあらかじめ定めてある，時系列的な防災措置を順に講じていく行動計画手順書）に従って住民への注意喚起，避難開始をどのようにしていくかという検討に際しても，東京独自の工夫が求められることになります．

(8) 2013年台風ヨランダ高潮（フィリピン）

台風ヨランダ（フィリピン名，日本名は平成25（2013）年台風30号，アジア名ハイエン）は2013年11月4日に発生し，急速発達により，一時は中心気圧895 hPaまで低下し，最大風速64.3 m/sになりました．11月8日早朝（現地時間）にフィリピンのレイテ湾を横断し，レイテ湾奥のタクロバン周辺で大きな高潮が発生しました．レイテ島とサマール島で合わせて8,000人以上の犠牲者が発生しました．私は早稲田大学隊の隊長として，マニラにあるデラサール大学の研究者とともに調査を行いました．タクロバンの市内では大きな船が密集した住宅街に乗り上げるなど，大きな被害が発生しました（**図4.32**）．

台風の接近と通過に伴い，レイテ湾内では風向きが北から南に急に変化したため，湾内の水面に大きな段差が発生し，段波（進行方向前面に大きな水位の

図4.32 ヨランダ（ハイエン）高潮によるタクロバンの被害

差があり，その部分で波が砕けながら進行する波）として海岸に押し寄せました．早朝で明るくなっていたために，陸上に氾濫して段波として押し寄せてくる様子や，風向きが北だったときに海面水位が低下し，海の底が現れた様子などの映像が残されています．

質問紙調査の結果，明らかになったのは “tsunami” という言葉は有名だったのですが，高潮の場合にも同じように大きな運動量を持った水が陸上に押し寄せてくるというイメージが沿岸住民に伝わらなかったことが問題点として浮き上がりました．フィリピンに来襲する台風の多くはもっと北側のマニラ周辺を通過することが多く，レイテ湾では近年の例がなかったことも被害を広げた原因です．私の横浜国立大学での研究室を卒業した高木泰士博士（現・東京工業大学教授）が，YouTube に投稿されていた映像に映っていた避難する母子を探し出してインタビューし，避難の状況について詳しく聞き取ることができました．この母子は家に留まっていたところ，避難が遅れ，浸水が進む中で道路を徒歩で歩き，近所の堅固な建物（ホテル）に避難していて，避難の途中が危ない状況であったことがわかりました．

レイテ島ではタクロバンで 6.0 m を超える高潮が来襲し，サマール島では 5.5 m を超えていました．私の研究室の中村亮太博士（現・新潟大学准教授）は数値モデルでのこの高潮の再現に成功し，さらに最近実用化した，疑似的に海面の温度を数値モデルの中で上昇させる疑似温暖化の手法を用いて温暖化後の 2100 年に同じ規模の台風が来襲した場合の予測をしました．その結果，高潮の高さは 2100 年の条件ではおおむね現在に比べて 3-5 m 高くなり，10 m に達する場合があることがわかりました．これは海面温度の上昇によって台風の発達に必要なエネルギーが供給されやすくなり，強力な台風によって風が強くなり，吹き寄せによる高潮の増大が起こるためであるとわかっています．

(9) 2014 年温帯低気圧による根室での高潮（日本海の爆弾低気圧による高潮）

冬の日本海では，「爆弾低気圧」と呼ばれるように，低気圧が急速に発達する場合があります．2014 年 12 月に発生した温帯低気圧は日本海で発達した後に北海道東部の海上に移動し，急速発達して，948 hPa まで中心気圧が低下し，さらに同海域におおむね 1 日とどまり，12 月 17 日午前に根室市で高潮を発生

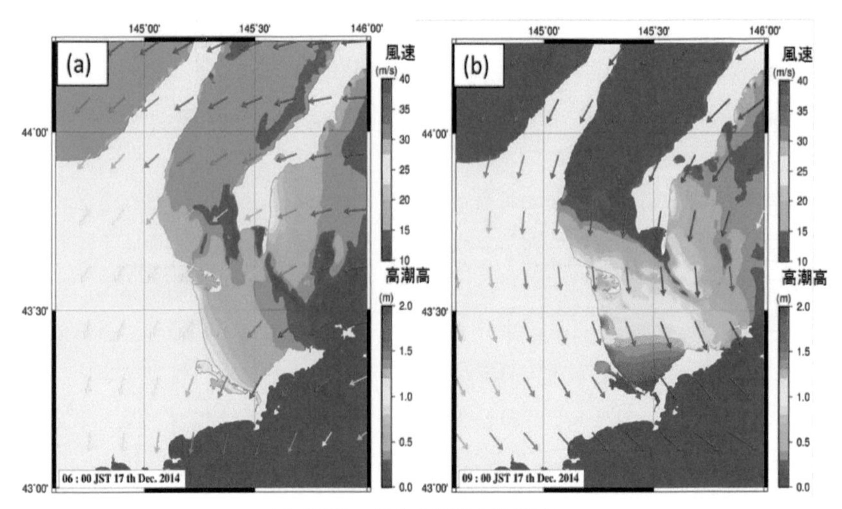

図 4.33 根室の高潮の説明図

(a) 東風が吹き，根室湾の水位が上昇した．(b) 北風に変わり，根室半島北部海域の水位が上昇した．

させました．根室市内で浸水高さは約2mを超え，沿岸地域の中心街である弥生町で床上浸水となりました．

私は早稲田大学の学生を中心とする早稲田大学隊を編成して，日帰りで調査を行いました．浸水範囲が限られている中で隊員が9人と多かったため，短時間での調査が可能で，12月19日に行いました．調査に当たっては，あらかじめウェブ上に投稿された住民の方の撮影した高潮の映像を収集し，調査中に映像の撮影された場所を特定することができました．

調査の結果，**図 4.33** に示すように，まず（a）のように東風で根室湾全体の水位が上昇し，次に（b）のように北風に変化したために湾内の水塊が根室半島に吹き寄せられたことがわかりました．被災地では地盤高さが海岸から市街地に向かって低下していたために海水が市街地に氾濫しやすい地形であることも不利な条件でした．このようにいくつかの条件が重なると海水の氾濫が起こりうる場所は各所にあると考えられ，これまで，幸いにして悪い条件が重ならなかった地域でも，日ごろから海水が氾濫する可能性を考慮する視点を持つことが大切です．

(10) 2018年台風21号による兵庫県での高潮・高波（関西国際空港浸水）

大阪湾を縦断する台風は，大阪，神戸などの海岸・港湾部で大きな高潮を発生させます．**図4.34**に示すように，2018年台風21号は，大阪湾で大きな高潮被害が発生した第2室戸台風（1961年）と類似した経路をたどりました．大阪や神戸では第2室戸台風で観測した高潮最高潮位（2.93 m）を上回り，3.29 mの潮位を大阪で観測しました．第2室戸台風以降に高潮防潮堤の建設を進め，大阪港の海岸防護高さはT.P.（東京湾中等潮位）+3.90 m，神戸港では2.80 mに設定して整備を進めていたために，大規模な海から陸への越流は起こりませんでした．一方で，海側からの高潮による浸水ではなく，陸側に降った大量の雨水をポンプを使って防潮堤の外に排出する能力が不足して起こる内水氾濫によってあふれた水が鉄扉によって堤内に堰き止められたために，浸水被害が拡大した地域もありました．

一方で，高潮と高波によって海水が，1994年に開港した関西国際空港の滑走路に浸水し，最近の埋め立て地である涼風町（すずかぜちょう）では護岸を越流して新興の住宅街が浸水しました．これは，高潮による水位の上昇に，台風による強風で発生した高波による越波が重なったために起こったと推定できますが，住民にとっては移住してきてから初めての経験でした．その後，堤防の高さをT.P.+5.0

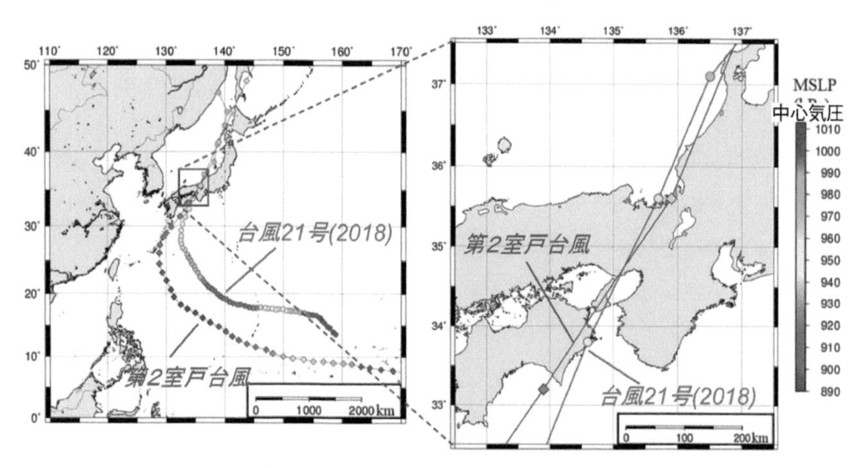

図4.34　2018年台風21号の説明図

2018年9月4日12時に中心気圧950 hPaで徳島県南部に上陸後，14時頃に神戸市に再上陸．

図 4.35　涼風町海岸に打ち上げられた輸送用コンテナ

mから6.8 mに嵩上げした防潮堤が建設されました．このように新たに建設された人工島の上に建設された関西国際空港，新しい埋め立て地に建設された新興住宅地などでは災害の経験がないために，予想外の浸水が発生する可能性がありますので，注意が必要です．

この他に神戸ポートアイランドから流れ出した貨物輸送用のコンテナが涼風町の海岸に漂着する（**図 4.35**）などの事例がありました．港からコンテナが流出する事例は，2010年のチリ津波のときにタルカワノの港でも起こりましたが，東京港，横浜港などの国内の主要港湾でも状況は同じですのでコンテナを固定するなどの対策が必要です．

（11）2018年台風12号（日本列島太平洋沿岸を西進する台風）

通常，日本に接近する台風は，偏西風の影響を受けて西から東に移動するのですが，まれに太平洋岸を東から西に移動するものがあります．例としては1945年8月に関東地方に接近した台風があります．このときはちょうど第二次世界大戦が終結したときに当たり，日本が終戦により気象観測を控えていて，アメリカ軍が進駐してくる前の時期だったために詳細な気象情報は収集されていませんでした．この後1963年台風7号も西進コースを取り，主に大雨によって被害が起きました．**図 4.36** に示すように，2018年台風12号は久しぶりに西進コースを取った台風でしたが，相模湾西部で突然に高波が発生しました．図には参考として，1945年8月台風のコースも載せてあります．

通常は西方向から順に波が高くなるのですが，小田原，真鶴（まなづる）にそのような前触れなしに高波が押し寄せたため，道路の閉鎖が遅れ，道路上の自動車が流さ

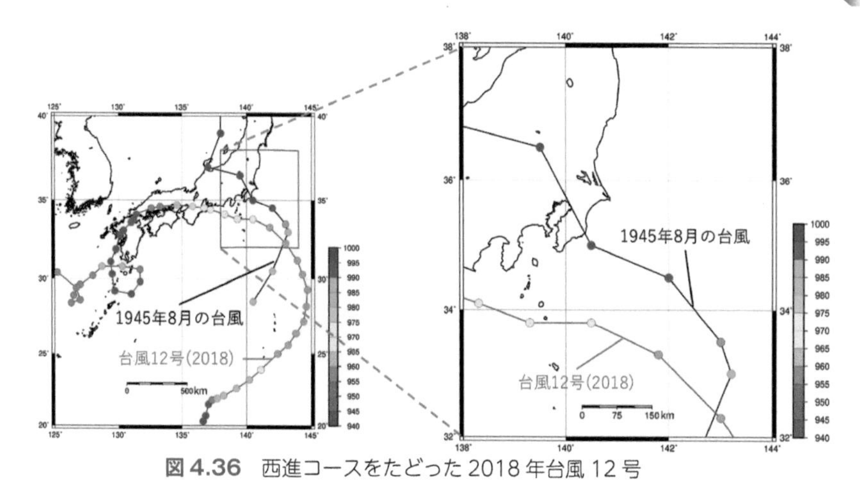

図 4.36 西進コースをたどった 2018 年台風 12 号

れるなどの被害が発生しました．近年は偏西風の位置が不安定で，台風が日本列島周辺で停滞したり，西進するなどの例が増えています．あるいは東北地方沿岸に直接に上陸する例（2016 年 10 号台風）もあり，これまでの経験，あるいはそれに依拠して作られた防災マニュアルのみに頼るのではなく，台風の進路について，時に応じて状況を予測する想像力を持ち，未知の災害の発生に備えることが必要になっています．

（12）2019 年台風 15 号（東京湾・令和元年房総半島台風）

2019 年台風 19 号は 2019 年 9 月 5 日に発生し，9 月 9 日早朝に東京湾を横断しました．最大風速 45 m/s の強風が神奈川県，千葉県，東京都を襲い，死者 9 人の被害が発生しました．東京都内でも強風が吹き荒れ，私の周りでも 3 階建ての自宅の屋上に置いてあった物干し竿が飛んで行ってしまったり，屋上に大量の落ち葉が運び込まれるなど，経験したことのない事象が発生しました．特に千葉県の房総半島では暴風による長期の停電など大きな被害が出ました．一方で神奈川県の東京湾側の海岸では，高波による被害が発生し，特に横浜市の福浦地区では，陸上に海水が氾濫しました．これは，強風により湾内で大きな風波が発生したためですが，強い風が局所的に吹き付けたために，風によって海水が空中を運ばれた可能性があります．

私は高波によって海岸護岸が決壊し，中小工場が立地する工業地帯の埋め立て地である横浜市金沢区福浦地区で浸水被害の調査を行いました．同地区では

図 4.37　福浦での護岸の被災事例

護岸上の天端高 1.49 m のパラペット（堤防上部に取り付けたコンクリート製の波止装置）の上部 0.51 m が抜けるように倒壊していました（**図 4.37**）．海岸から 300 m 離れた計測点で 4 m を超える浸水高となり，工場の機械設備は海水の侵入によって壊滅的な被害となりました．南側には高さ 10 m 程度の小高い丘（築山）があり，その斜面に遡上した越流の洗掘跡が見られました．築山の頂部では標高 10.7 m の位置に塩枯れ跡を確認し，これが同地域で最も高い位置にある痕跡でした．この痕跡により，高波の遡上が 10 m を超えたという報告もありましたが，遡上跡は築山の中腹で途切れており，私は頂部まで遡上が達したのではなく，突風と小さな竜巻のような鉛直方向に軸を持つ渦によって巻き上げられた海水が頂部に落下したものと考えています．台風による強風場ではその内部に短命で微小な旋風が生じている場合があり，これが局所的なスケールで，水塊を空中に巻き上げ，少し離れた地域まで飛来して落下する現象が起こり，陸上への浸水に影響していると考えられます．また，通常の波浪推算の方法を用いて，風波の波高を計算したのですが，最大でも波高は 2.7 m 程度となり，観測値の波高 3.5 m には及びません．これらに関しては強風下での水の運動をより直接的に取り扱う必要があると考えていて，私の研究室の稲垣直人博士によって数値モデル，水理実験を用いて現象が解明されつつあります．

ここまで，津波，高潮の調査事例について述べてきました．それぞれの事例からはいつも新しい発見があります．これらの現地調査による新しい発見を以降の章でこれから述べていく数値シミュレーションや水理実験で精緻に検討し，被災原因を特定したうえで災害対策を練り上げていくことが研究の流れとなります．以下に近年の重要な発見をまとめておきます．

①陸上に氾濫した津波・高潮の挙動のイメージは大きく変化しました．第2章でも少し紹介しましたが，かつての津波のイメージは大きな孤立波が単独で押し寄せてくるというものでした．2006年のジャワ中部地震津波はこのイメージに近いものです．次にダム破壊波のイメージが加わりました．これはダムに貯めてあった水がダムの崩壊に伴って一気に流れ落ち，前面に大きな渦を伴って進行してくる段波（崩れつつある波が乱流を伴って進行する波）となります．さらに，東北地方太平洋沖地震津波で新たに加わったのは，海面の水位が高くなり長時間にわたる一方向の流れとして陸上に氾濫してくるというものです．第6章で詳しく述べる水理実験では具体的にこれら3つの別々の造波方法を再現できるように工夫しています．また，段波についてはこれまで津波の場合に発生すると考えられてきたのですが，バングラデシュのシドル高潮（2007年），フィリピン・ヨランダ高潮（2013年）でもその発生が報告されていて，高潮で海水が陸上に氾濫する場合にも段波が形成されることがわかってきました．

②長時間にわたる岸向きの流れのために，海岸堤防が破堤することがあることがわかりました．東北地方太平洋沖地震津波では，15分にもわたって継続する一方向流れが堤防を越流し，堤防背後（陸側）の洗掘により堤防が壊れました．同じ現象は，カトリーナ高潮（2005年）でも起こっています．

③海岸防潮林はこれまで，陸上に氾濫した海水の流動に対する抵抗となるとされてきましたが，それ以外の新たな役割が東北地方太平洋沖津波で確認されました．それは，堤防背後の防潮林が水位を上昇させることにより，局所洗掘による破堤を防ぐというものです．このことも第6章で詳しく室内実験の方法を紹介します．

④漂流物の移流と衝突による構造物の破壊は，これまでも伊勢湾台風（1959年）の折に貯木場の丸太状の木材が流れ出し，名古屋市内で大きな被害を出したことが知られていたのですが，その後，カトリーナ高潮（2005年），ヨランダ高潮（2013年），チリ津波（2010年），東北地方太平洋沖地震津波（2011年）

でも港湾のコンテナ，破壊された木造住宅の部材，海岸林の木などが流され衝突する事例が多数起こりました．また，それらの木が構造物の周りに引っかかって流体力を大きくして，構造物を破壊するなどの例がありました．

次章以下の研究の紹介では，これらの新たな発見によって加わった検討事項を含めて解説を行っていきます．

動画6　強風下の越波
(https://youtu.be/45aT9ipi4sc)

動画8　強風下の水塊移動
(https://youtu.be/Y1dzKs4gUsA)

動画7　強風下の砕波と水塊の飛び出し
(https://youtu.be/1-nyJh8a6d4)

動画9　強風下の防波堤越波
(https://youtu.be/epzBaWdy1TQ)

2019年に台風19号が来襲した東京湾では，波と同じ方向に強い風が吹いている条件下で，防潮堤を超えて越流してくる海水の量が大幅に増加しました．その状況を実験室で再現したものです．
(早稲田大学理工学術院柴山研究室制作)

コラム❷

被災地での食料の入手と荷物の輸送

被災地で食料を入手することは難しい場合があり，現地の状況を踏まえて，日本あるいは経由地で購入した食料を大量に現地に持ち込む必要があります．2004年インド洋津波のスリランカ調査のときの出来事を紹介します．先行してスリランカの調査を始め，私たちに調査を引き継いだ河田恵昭先生（当時京都大学教授）と今村文彦先生（東北大学教授）から，バランス栄養食であるクッキー状の食品40個入りの箱を4箱ほど頂きました，最初のうちは喜んで食べていたのですが，食べ続けているうちに飽きてしまい，1箱を消費したくらいで，残りを次にやってきたアメリカ隊（コーネル大学のリウ先生）と地元ルフナ大学のニマル先生に引き継いだ覚えがあります．したがって，食べ飽きないようにいろいろな食品を持っていく必要があります．2013年のヨランダ高潮調査の際には缶

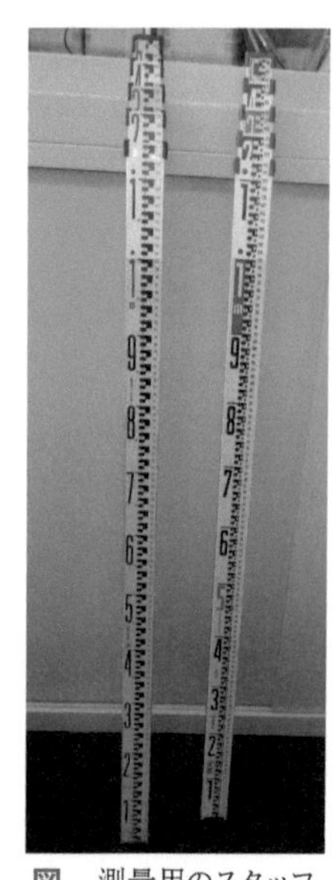

図　測量用のスタッフ

詰めの食品を含めていろいろな食材を日本でそろえて，持ち運ぶようになりました．

食料のほかに調査機材を含めてたくさんの荷物を運ぶことは大規模で広域にわたる災害の場合にはいつも課題になります．測量用のスタッフ（高さを測るときに用いる）も軽量化したために少し楽になりましたが，これは折りたたんだ長さが１ｍを超える（写真参照）ために，飛行機では運送料金を別途請求されることがあります．発電機など，燃料を用いるものは，新品でまだ油が入っていない状態であれば飛行機に乗せられますが，使用後は不可になります．したがって発電機は使用後に現地に寄贈して帰ることになります．最近はレーザー距離計やドローンなどの必携の機材が大幅に小さくなり，手荷物で機内に持ち込むことも簡単になりましたが，音響水深計，水中ドローンなどは相変わらず重くて大きいので，荷物の輸送には苦労しています．

第４章のよくある質問とその答え

Q　災害地での調査では調査に気を使うことも多いと思いますが，どのようなことに気を付ける必要がありますか．特に海外の調査では国内の調査と異なるのでしょうか．

A　海外の調査では，必ず地元の研究者の協力と同行をお願いする必要があります．どこの地域にもそれぞれが培ってきた地域の規範や伝統的な行動のパターンがありますので，それらを理解している地元の研究者の協力が必要です．被災者の方々にインタビューする際にもこれらの共同研究者の存在が重要です．また，調査の結果を地元に還元していくためには，日本の研究者のみではなく，地元の研究者が加わっていることが必要で，継続的な防災の努力を続けていくために大切です．災害の研究者には日本に留学して博士の学位を取得し，その後帰国して自国で研究を続けている人が多いため，海外調査の際にはこれらの日本留学経験者が日本チームとともに活動してくれる機会が増えています．

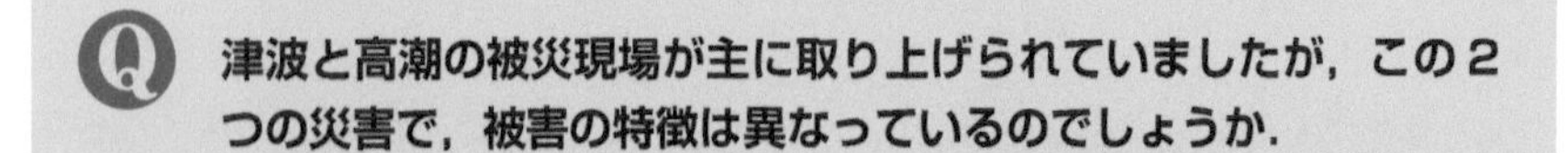

Q　津波と高潮の被災現場が主に取り上げられていましたが，この 2 つの災害で，被害の特徴は異なっているのでしょうか．

A　どちらも地域住民の立場で見ると「大きな運動量を持った海水が，海岸堤防を越えて住居地にあふれてくる」ことは同じなので，災害後の被災の状況は類似しています．一方で高潮は台風の接近に伴って起こるために，ある程度の準備や心構えをしておくことが可能な場合があります．津波については地震や火山噴火などの予測が難しく，前兆である地震などの現象が起こってから津波来襲までの時間的な余裕が数時間程度と少なく，緊急の対応をする前に津波が押し寄せてくる事例が多くなります．いずれにしても発災前にどれだけの準備をする時間があるかが減災がどれだけ可能であるかの重要な要因となりますので，予報が伝わった場合には，ただちに避難の行動を開始する必要があります．

Q　最近は津波や高潮などの沿岸災害が頻発しているように感じますが，なぜでしょうか．

2004 年のインド洋津波以来，沿岸災害は毎年のように起こっています．これまでも沿岸災害の発生には波があって，例えば第二次世界大戦後からしばらくは高潮災害が頻発していました．最近は津波がインド洋津波，東北地方太平洋沖地震津波などで大きな被害をもたらしたことと，地球温暖化に起因する気候の揺らぎと海水面温度の上昇によりインド洋のサイクロン，大西洋のハリケーン，太平洋の台風などの挙動が変わり，高潮と高波の災害頻度が多かったことで，頻発している印象を与えているのだと思います．地震と火山噴火は個々の現象としてとらえられていて，互いの関連性はわからないために今後の状況は予想できません．台風の挙動については温暖化の影響で激甚化が予想できるため，高潮，高波の被害についても今後は激甚化，多発化の傾向が続いていくものと予測しています．

Q **「陸棚波」，「寄り回り波」，「冬季日本海の爆弾低気圧」，「あびき」など，特別な名前の付いた災害があるのですが，どうしてでしょうか．**

A これらの名称はこれまでも研究者の間ではその地域に起こる特別な気象現象を表すものとして用いられてきました．沿岸災害への関心が高まるにつれて，災害の原因を広く社会に伝えるために用いられることが多くなり，社会的な認知度が上がってきたものと思います．これらの現象はそれらを引き起こす物理的な条件が揃えば発生し，被害を起こす可能性がありますので，忘れることなく，注意を喚起する必要があります．

Q **台風が日本列島の沿岸を東から西に通過したり，日本列島付近で停滞したりと，これまでの伝統的な台風のイメージとは移動の仕方が変わったものが出てきたのですが，どうしてですか．**

A 日本列島付近には偏西風があり，西から東に向けて強い風が吹いています．これまでですと日本に接近した台風はこの風に流されて足早に東に向かって進んで行くことが多かったといえます．ところが近年では偏西風が蛇行して，日本列島上空にいない時期が増えているために台風のコースが不安定になっています．この他にも直接東北地方に上陸する台風などもあり，また，強い勢力を保ったまま日本列島北部に接近する台風もあります．後者の場合にはこれまで経験したことのない高波が北海道の海岸に押し寄せ，防波堤の設計に用いる波高を高く設定しなおすなどの対策が取られてきました．

第5章

沿岸災害の数値シミュレーション

本章ではまず，津波の波源域モデル，伝播モデル，陸上への氾濫モデルについて解説します．一方で高潮・高波については気候モデルと結び付けた最新のシミュレーション技術と，温暖化後の地球への適用とその予測結果について最新の結果を解説します．

第2章の冒頭で述べたように，この分野の力学的な研究は，津波や高潮，高波などの自然現象を観察し，それを数式で表すことから始まりました．物理現象を観察するのは，多くの場合，時間的あるいは場所的な変化の様子を観察するというやり方をするために，数式は場所(x, y, z などの変数で表されます）や時間（t）に関する微分方程式となります．このため，物理モデルは連立偏微分方程式で表されます．コンピュータの能力が限られていた時代（1980年代半ばくらいまで）は単純化の仮定を置いて数式で解(解析解と呼びます）を求めていたのですが，現在ではコンピュータの能力が飛躍的に高まった結果，コンピュータで数値的に解を求めることができるようになりました．さらにコンピュータのプログラムが汎用化され，オープンソース(プログラムの内容が公開され，多くの研究者が共同でプログラムを開発する）方式が沿岸災害の分野でも，特に2000年代以降に普及した結果，プログラムの開発が急速に進むことになりました．このため，この分野に加わるための初期の障壁が低くなりました．私の研究室で，大学学部4年生の学生が，卒業研究のために研究室に配属されると，半年ほどの間に最先端のシミュレーションモデルを使うことができるようになるのですが，これはオープンソースプログラムの普及のお陰です．百万円程度のワークステーションを数台程度連結することで，沿岸災害研究のための計算能力が簡単に手に入ることになったことも研究の普及に役立っています．

一般に数値シミュレーションモデルの解はモデルの作成過程でいくつかの単純化をすることによって出来上がっているため，実験結果や現地調査結果と比較することにより，解の有効性を確かめる必要があります．そのための計測装置の開発や，実験室や災害の現地での計測結果の蓄積により，数値シミュレーション結果の信頼性が大幅に上昇したこともこの分野の研究の進展を支えています．

5.1　津波の数値シミュレーション

多くの津波は海底での地震により，海底面に断層が発生することによって起こります．海底面の急激な変化に合わせて水表面の位置も変化し，津波の初期水位が形作られます．これが波源となって，津波は伝播していきます．例えば本州の太平洋岸を考えると，相模トラフ，南海トラフ，日本海溝，千島海溝に代表されるようなプレート間の地震を起こすような場所がいくつもあり，津波の波源になるような断層はいくつも考えられます．この他にもプレート内の地震を起こす東京湾直下型の地震もあり，いろいろなタイプの津波が起こる可能性があります．

さて，波源を出発した津波はおおむね秒速 $\sqrt{gd}$ (m/s)（g は重力加速度 (m/s^2)，d は海の水深 (m)）の速度で進んでいくことが知られています．この式を使うと，水深 4,000 m の深海では時速 700 km で進行します．ジェット旅客機の時速は 900 km/ 時間ですから，それと比べても遜色ありません．チリ沖で発生した津波がハワイ島を通過して，おおむね 24 時間ほどで日本列島に来襲するのも，水深が深い海を高速で通過してきているからと言えます．大陸棚（水深 200 m）では津波の速度は 160 km/ 時間ですので，高速鉄道（東海道新幹線は 285 km/ 時間）より遅い速度に減速します．さらに東京湾に入り，水深 20 m ほどの湾内では 50 km/ 時間と，自動車並みの速度に減ることになります．速度のイメージを**図 5.1** にまとめておきます．

津波は海の波ですから，風による波と同じように，水深などの底面地形などの変化により，①浅水変形，②砕波，③反射と透過，④屈折，⑤回折などの波としての基本的な変形が起こります．例えば，チリ沖で発生した津波は太平洋に広がりますが，海底地形の影響で屈折し，日本の東北地方に再び集中することになります．光に例えると，太平洋にはレンズが置かれていて，チリ方面から来る光は東北地方に集まるようにあらかじめ仕掛けられているということが

深海
水深：d = 4000 m

$$c = \sqrt{gd} = \sqrt{9.8 \times 4000} \fallingdotseq 200\ \mathrm{m/s} \fallingdotseq \mathbf{700\ km/hr}$$

（ジェット旅客機：900 km/hr）

大陸棚
水深：d = 200 m

$$c = \sqrt{gd} = \sqrt{9.8 \times 200} = 44\ \mathrm{m/s} = \mathbf{160\ km/hr}$$

（高速鉄道：280 km/hr）

東京湾
水深：d = 20 m

$$c = \sqrt{gd} = \sqrt{9.8 \times 20} \fallingdotseq 14\ \mathrm{m/s} \fallingdotseq \mathbf{50\ km/hr}$$

（自動車）

図 5.1　海の深さごとの津波の伝播速度

できます．

海を伝わってきた津波は，海岸堤防を越えて陸上に氾濫することがあります．日本の海岸防護施設はおおむね100年に1回起こるような高さの津波から陸上を守ることを目標に作られていますので，これを超える場合には陸上に氾濫することになります．陸上に氾濫した津波は，地盤の勾配，地表面の摩擦などの影響を受けながら進み，運動エネルギーを位置エネルギーに変換したり，摩擦によって失ったりして，運動エネルギーを使い終わったところで止まります．斜面を上って止まると，位置エネルギー（高さのエネルギー）を持っていることになりますので，その位置エネルギーを運動エネルギーに変えながら海に向かって戻っていくことになり，強い戻り流れ（陸上に氾濫した津波が海に向かって戻っていく流れ）が発生することになります．

さて，私を含む沿岸防災の研究者は，上記のような経過を踏んで伝わってくる津波を数値シミュレーション技術を使ってコンピュータの中で再現し，将来の津波の被害を予測し，低減するためのいろいろの工夫をしています．モデルは下記の手順を踏んで現象を予測していきます．それらは①波源モデル，②伝播モデル，③陸上氾濫モデル，④構造物破壊モデル，⑤住民避難モデルです．以下ではそれぞれのモデルについて，少し詳しく説明したいと思います．

①波源モデル　　プレート間の地震による津波の波源モデルには，伝統的に

はマンシンハ・スマイリーの方法(1971)と呼ばれる断層の変位量を与えるモデルが用いられてきました．海底面の変位をそのまま海表面の変位に用いて津波の初期波形を与えます．現在では津波の計測結果から逆算して断層のパラメータを設定するインバージョン解析と呼ばれる手法や不確実性を考慮してさまざまな情報を組み合わせて波源断層の推定が行われます．いずれにしても，波源断層の精度が高ければ，全体の津波モデルの精度も高くなりますので，波源域をいくつかの領域に分割し，さらに変位の時間的変化を考慮するなど，いくつかのモデルを見比べながら，慎重に波源を推定します．2018年パル湾地震では海底面の斜面崩壊を考慮しましたが，スンダ海峡津波ではアナクラカトア火山の山体崩壊を考えました．このように波源の特徴によって使用するモデルも異なってきます．

②伝播モデル　海水の質量保存則と運動量保存則（水平方向は東西と南北の2方向，あるいは鉛直方向を加えて3方向）を連立して津波の伝播を計算します．多くの場合，運動量の保存則は平面2次元の非線形長波方程式を用いて近似して算定します．東北地方太平洋沖地震津波の算定例を**図 5.2** に示します．赤い部分は波の峰を表し，青い部分は谷の部分を表しますので，峰(押し波)と谷(引き波)が交互に押し寄せたことがわかります．

③陸上氾濫モデル　陸上に氾濫した水の運動についても基本的には伝播モデルと同じように質量保存則と運動量保存則を用います．土地利用の違いによって底面の粗度を変化させる，細かいメッシュで市街地を計算するときには建物や構造物の形状を適切に与える，水のない乾いた地面を伝わっていく先端部分については特別な配慮をするなどの工夫をする必要があります．また，陸と海とは雨水の処理などの必要性からいろいろな管水路でつながっている場合があり，管の中が海水で満たされると海水が高速で陸地に侵入する場合があります．陸上を津波が伝わる前に，マンホールなどから水があふれてくるのはこのような事情によります．

④構造物破壊モデル　陸上に津波が氾濫すると，構造物に流水が当たり，水平方向の荷重を受けます．また，水深が深くなると浮力で構造物は浮き上がり，動きやすくなります．一方で海に浮かんでいた船舶や，破壊された木造住宅あるいは防潮林の木が引き抜かれたりして津波と一緒に動きをはじめ，漂流物として運動する中で構造物に絡まってより多くの力を構造物が受けることに

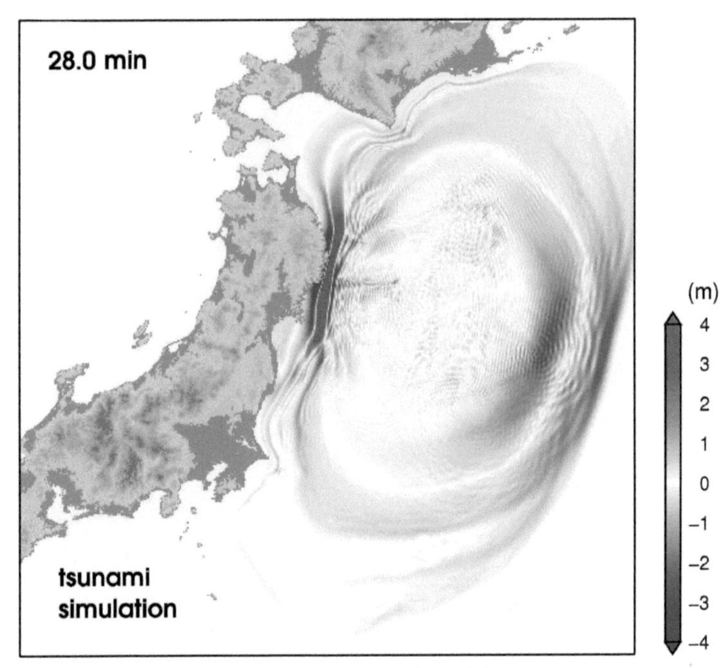

図 5.2　東北津波の伝播の算定例

なります．その他にも，構造物周辺で発生する渦の作用によって地盤が洗掘され，支持力を失うことによって破壊が起こる場合があります．このような場合には乱流モデルを用いて渦の作用下での流速場を算定する必要もあります．氾濫した津波を数値モデル化し，発生する渦を考慮して破壊に至る過程を解析して，対策を考えています．

⑤住民避難モデル　　地域での避難を検討するモデルでは人間の相互作用，路線の選択などをモデル化できるマルチエージェントモデルを用いることが多く，避難所の収容限界による避難先の変更，年齢による移動速度の違い，避難者の密度による移動速度の違いなどを考慮することになります．さらに歩行者と自動車をともに考慮したり，地震によって倒壊した建物による道路の障害，地元住民による観光客の誘導などさまざまな条件を考慮することが可能となっています．私の研究室では高畠知行博士(現・近畿大学准教授)が新しいモデルを次々に開発してきました．図 5.3 は鎌倉を対象とした避難モデルの条件を示したものです．図の地盤高の低い地域(緑色)にいる歩行者は津波による氾濫

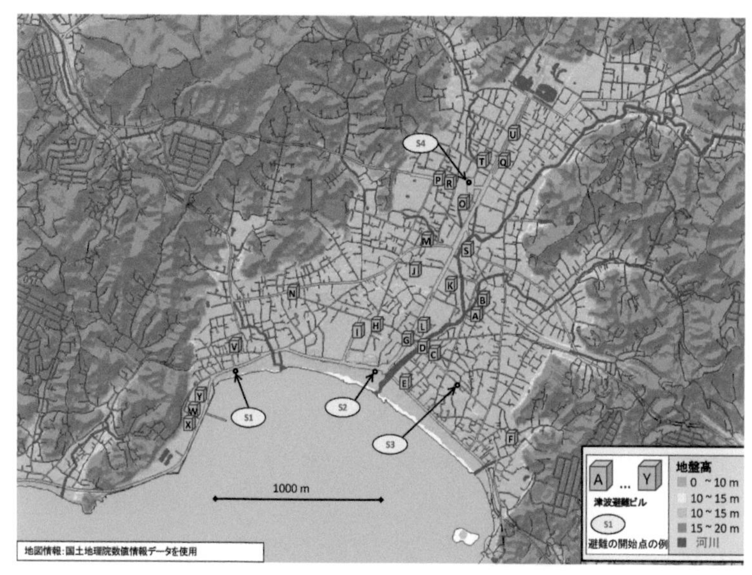

図 5.3　鎌倉市を対象とした避難モデルの設定

水に追いつかれないように，早めに高台(レンガ色)や避難ビル(A ～ Y の建物)に辿り着く必要があります．私の研究室では来訪者がスマートフォンを用いて使えるソフトウェアの開発を進めています．

5.2　高潮の数値シミュレーション

高潮は台風などの気象条件により，気圧の変化による吸い上げ，風による吹き寄せによって水位の変動が起こります．高潮も津波と同じく，周期の長い波の一種ですので，伝播や陸上への氾濫の物理過程はおおむね同じです．

高潮のシミュレーションでは天気予報のように台風の強さ，大きさ，経路などを予測し，それを用いて気圧，風速の場を予測することになります．シミュレーションのオープンソースのプログラムはいくつかありますが，私の研究室では主にメソ気象モデル WRF（Skamarock et al., 2008）を用いて気象場を計算し，海水流動については非構造格子海洋流動モデル FVCOM を使用して計算しています．気象計算の初期値は温暖化後の仮想的な値を含めて，例えば東京大学・国立環境研究所・海洋開発研究機構の全球気候モデル(MIROC5)を用いることができます．高潮の具体的予測は次のような手順で行うことになります（図 5.4）．

①現在の詳細な気象状況のデータ（例えば米国海洋大気庁 NOAA の GFS データ）を気象データベースから対象とする地域の分を切り取って読み込みます．

②メソスケール気象モデル（例えば WRF）で気象の変化の短期的予測を行います（天気予報と同じです）．

③特に台風の挙動に注目して，台風による気圧場，風の場などの算定を行います．その際，台風の強さが過小評価される場合には台風の部分に人工的な渦を埋め込むなどの工夫をします（ボーガス法と言います）．また，台風の物理的な特性に応じてさまざまな物理モデルが提案されているので，最終的な高潮の推定精度を高くするために，場合によっていくつかの別の物理モデルを用いた予測を行って，それらの平均値で予測値を算定することもよく行われています．

④上記で求めた空気の圧力場，風の場を代入して，海洋モデル（例えば FVCOM）を用いて，海水の流動，高潮の挙動，陸上への氾濫などを予測計算します．

⑤ 50 年後，100 年後など温暖化後の台風，高潮の挙動を予測する場合には

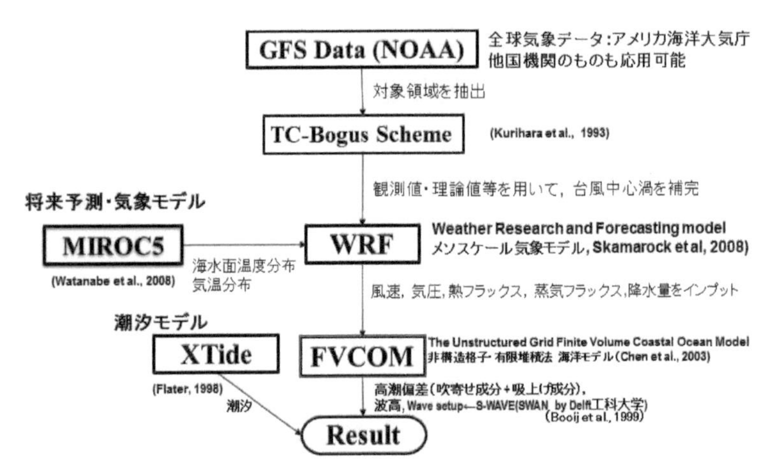

図 5.4　高潮数値シミュレーションの手順
気象−海洋−潮汐−気候変動 統合モデル（WRF-FVCOM-Xtide-MIROC5）．

IPCCによる温暖化後の気候条件変化を参考にして，海水面温度，気温，湿度など台風の発達に大きな影響を持つ条件のみを選択的に変化させ（疑似温暖化と呼びます），将来予測計算を行う方法があります．

温暖化後の高潮予測計算では，温暖化に伴って，特に海水面温度の上昇が影響を与えて台風の強度が増大し，風の場が強化されることによって，高潮も高くなることがわかっています．この手法を用いてフィリピンに来襲したヨランダ高潮（2013）が2100年の予想気象条件下で来襲すると，現在の条件で高さ6m程度の高潮が10m程度にまで強化されるとの結果となりました．

動画10　2007年9号台風（https://youtu.be/Xxipq-jIA8A）
高潮の数値予測モデルでは，まず台風の挙動を予想する必要があります．この映像は2007年9号台風を数値的に再現したものです．（早稲田大学理工学術院柴山研究室制作）

動画11　2100年時の2007年9号台風
（https://youtu.be/Xjlwl40Z82o）
温暖化後の高潮を予測するためには温暖化後の台風の挙動を予想する必要があります．この映像は2007年9号台風に温暖化後（2100年）の海水面温度の条件を与えてその挙動を数値的に再現したものです．（早稲田大学理工学術院柴山研究室制作）

5.3 高波の数値シミュレーション

風波（ふうは）は風のエネルギーが海の表面に伝達されることによって起こります．海岸に行って，通常時に観察される沖から伝わって来る波は，沖合の低気圧による風によって引き起こされた風波が，海面上を伝播して陸地にたどり着いたものです．

波が沖合の海で発生する場合には，風速（海面上10mの高さでの風速m/sで代表します），吹走距離（風が吹き渡る領域の長さkm），吹送時間（hr）の3つの量が波高と周期を決めています．数値計算では，高潮と同じ気象モデルを使用し，風波の計算に関しては例えば第3世代波浪推算モデルSWAN（Booij et al., 1999）を用いています．温暖化後の気象場については例えばIPCC評価報告書で提示されているシナリオを用いて，将来の気象場を擬似温暖化手法（いくつかの重要なパラメータについて，温暖化後の物理量を与えて擬似的に将来気候を作り出す）を用いています．

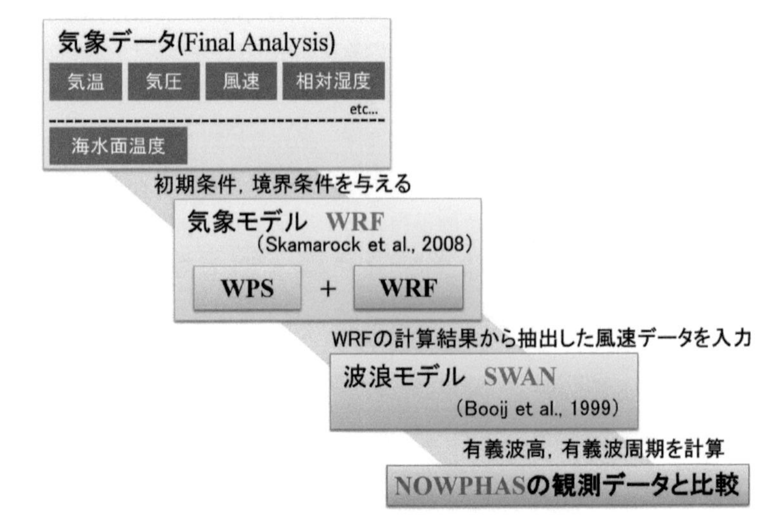

図 5.5　風波の数値計算法の手順

具体的な予測方法は高潮の場合と途中までは似ていますが，高潮の場合の④が下記のように変更になります（図 5.5）.

④主に風の場を代入して，第 3 世代波浪推算モデル（例えばSWAN）を用いて，風波の発生，発達，伝播を予測計算する.

温暖化後の予測計算は私の研究室では当時修士課程学生の西崎晋作さんが行いました. 1 年間の長期計算を行う場合には，台風などの予測が大きくずれていく場合があり，そのような場合には初期条件を置きなおして計算を再開するなどの修正を加える必要があり，計算には工夫が必要です. その結果，2081 年から 2100 年の期間では，台風の強度が増加するために北西太平洋における波浪は夏季においては最大 23 cm 増大し，冬季には最大 45 cm 程度減少するという予測となっています. また，静岡県御前崎では 2-4 m の有義波高の出現頻度が減少し，その代わりに 1.5 m 以下と 4 m 以上の出現確率が増大するなど，場所ごとの波浪の特性も変化することもわかりました. 図 5.6 に将来変動の例を示します. 台風による波高の上昇が強調される計算結果になっています.

日本の沿岸域では，温暖化の影響を踏まえた防災計画を立てることが国土交通省から各都道府県に対して求められており，検討が進んでいます. その際には，温暖化による海面上昇だけではなく，台風などの低気圧の強大化を予測し，

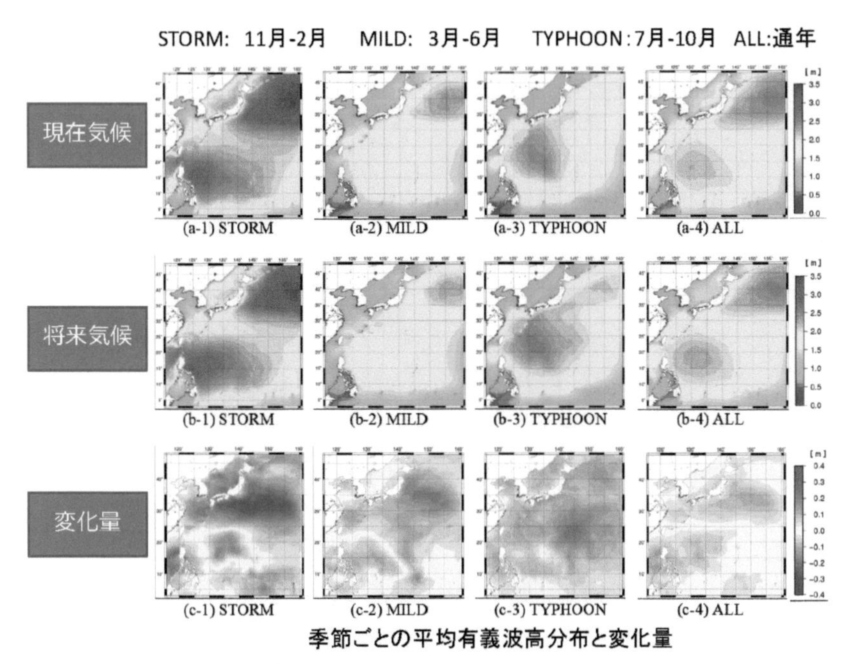

図 5.6 海岸に来襲する波浪の温暖化後の変動（Nishizaki et al., 2017）

沿岸に押し寄せる波の波高の上昇を精度よく推定していくことが必要になります．行政的には，2020 年 12 月に文部科学省と気象庁が発表した「日本の気候変動」の中で気温がそれぞれ 2℃あるいは 4℃上昇したシナリオに応じて，海面水位の上昇を予測し，高潮は大きくなり，高波については不確実性が高いとされています．一方で，文部科学省の事業で「地球温暖化対策に資するアンサンブル気候予測データベース (d4PDF)」がウェブ上で公開されていて，数値モデルの予測結果が公表されているため，これを使って定量的な将来予測を行うことができるようになっています．

コラム❸

アフリカ・モーリシャス

2022年8月から9月にかけて，モーリシャスの海岸調査を行いました．国際的な共同研究の枠組みとしてベルモントフォーラムがあり，私は沿岸災害脆弱性を評価する日本チームの代表をしていました．この枠組みの一環として，モーリシャス大学と協力して，2週間ほどの沿岸災害調査を行いました．この国はビーチリゾートを中心とした観光業が主な産業で，ヨーロッパから多くの観光客が来訪しています．ビーチリゾートの開発によって，海岸侵食問題が顕在化した（写真参照）ために，海岸環境の保全は国家的な重点施策になっています．モーリシャス大学から強く要請されているのは，数値モデルを使って海岸保全の計画を立案できる海岸工学専門家の育成です．数値予測モデルの開発と適用，特に環境変動を含めた将来予測は私の研究室の得意としている分野であることもあり，今後も協同作業を続けていこうと考えています．

図 モーリシャスの砂浜侵食

第５章のよくある質問とその答え

Q　数値予測のモデルは急速に進化していると聞きますが，なぜそのようなことができるのですか．

A　電子計算機の能力が急速に高まっていますので，計算領域の拡大や細かな部分での計算が可能となり，数値計算の精度も高まっています．開発したプログラムをオープンソース化（プログラムの内容を公開する）して，多くの参画者を集めてプログラムをより高度にしていこうという試みが増えていますので，数値シミュレーションモデルの使用者，開発者も増えています．最近の学生は小学校のころから情報教育を受けているため，プログラム開発に取り組める学生の数も増えています．高度なプログラムを使ったり開発したりするには，融通の利かない，頑固ともいえるコンピュータと付き合う必要がありますので，すべての学生が相性がよいわけではありませんが，相性のよい学生が増えてきているとも感じています．

Q　今後さらに数値シミュレーションの精度が上がっていくためには何が必要でしょうか．

A　計算機の記憶容量が増え，計算速度が速くなれば，例えば台風の中心部で起こっている物理現象を詳細に計算していくことも可能となります．ただ，乱流状態の水や空気の流れを現象に即して詳細に計算していくにはまだ不十分で，限界がありますので，計算機の能力をさらに上げていく必要があると思います．

第6章

沿岸災害の水理模型実験

津波の伝播については，数値シミュレーションで高い精度で予測することができるようになっています．一方で，クラカトア火山の噴火と山体の海への崩落，津波の発生などのメカニズム，あるいは陸上に氾濫した海水による被災のメカニズムなどは，現象が複雑で，水理実験室で実験装置の中で現象を再現して，分析を加える必要があります．例えば，私が勤務する早稲田大学には，岸沖方向と鉛直方向の2次元的な現象を再現するための二次元造波水路と，これに沿岸方向の広がりを加えた三次元(平面)水槽が整備されています．陸上に氾濫した津波や高潮が，引き抜かれた樹木や破壊された木造の建物の破片，あるいは漂流する船舶などを流れに巻き込み，それらの衝突によって構造物が壊れてしまう現象を分析する場合，漂流物の運ばれ方を検討する場合には三次元平面水槽(図6.1)を用い，衝突による衝撃力を分析するには二次元造波水路(図6.2)を用いるなどの使い分けをしています．

図6.1　津波・高潮実験のための三次元（平面）水槽

図 6.2　二次元造波水路

動画 12　早稲田大学津波高潮高波実験装置
(https://youtu.be/pbHEQoNnkG0)
早稲田大学理工学術院（東京都新宿区）の地下実験室には，津波や高潮の挙動を再現し，構造物破壊の原因などを調べるための津波高潮高波実験装置が設置されています．（早稲田大学制作）

流体の流れを計測するには流速計を用います．流速計には，誘電体である水の運動による磁場の揺らぎを感知して流速に変換する電磁流速計，レーザー波のドップラー効果を用いるレーザー流速計，トレーサーの動きを動画イメージで撮影して画像解析を行う粒子画像流速測定法(PIV)などがあります．このうち，電磁流速計，レーザー流速計などはある一点での流速の時間変化を計りますが，PIVの場合には平面的な流速分布の時間的変化を得られて便利なために，使用することが多くなっています．

水面の位置を測定する波高計としては，電気容量の変化を用いる容量式波高計，超音波を発射して反射して戻るまでの時間で水面の位置を計る超音波式波高計などが用いられます．また，構造物に作用する衝撃力を計測する三分力計(ロードセル)，海岸堤防に作用する波力を測定する圧力計などもよく使います．流速，水位，力などの物理量を，精度と密度のバランスを考えて測定することにより，物理現象を明らかにすることができます．

水理実験では，実物に比べて模型のスケールが小さくなるために，寸法を縮小したことによる効果(相似則)を考慮して，実験結果を解釈する必要があります．基本的には重力が水の運動を支配しているため，フルードの相似則と呼ばれる法則に従ってフルード数(重力と慣性力の比)が実物と模型で一致するようにしています．ただ，粘性力も現象に影響するため，レイノルズの相似則，つまり粘性力と慣性力の比であるレイノルズ数が実物と模型で一致する相似則を場合によって使用する必要があります．この場合にも重力を実物と模型で変えることは地球上で実験する限り不可能なので，両方の相似則を同時に満足することはおおむねできないと考えられています．

東京湾や瀬戸内海の模型は大きなものとなります．東京湾の場合，東西30 km，南北70 km をそれぞれ30 m，70 m になるように縮小すると，1/1000の縮尺となります．同じ縮尺を内湾部の水深20 mに当てはめると模型の水深は2 cm になってしまい，実際の東京湾の流動とはかけ離れたものになりそうです．そこで，水深方向の縮尺を1/100 にして，水深を20 cm にすることがあります．水平方向(東西と南北)と鉛直方向(水深)の縮尺が違うので，幾何学的には歪んだ形状になるためにひずみ模型と呼ばれます．ひずみ模型で計った流速や圧力などはフルードの相似則を用いて解釈し，実物の物理現象を再現することにしています．

例として，私の研究室の松葉俊哉さん（当時修士課程学生，現・国土交通省）が行った，津波が海岸堤防を越流した際の防潮林の役割に関する模型実験を紹介します．東北地方太平洋沖地震津波では海岸堤防が多く破壊されましたが，これは長時間の越流によって堤防背後（陸側）が洗掘されて破壊に至ったのです．そこで堤防背後に防潮林を配置し，陸側の水位を上げることによって洗掘防止ができないかを実験的に検討したのがこの研究です．実験室内の二次元造波水路内にフルード則に沿って，1/50 の堤防とその陸側に防潮林を配置し備え付けのポンプで海から陸地に向かう津波の流れを再現しました．**図6.3** に実験の様子を示します．この実験では，PIV により，流速場を面的に計測しています．防潮林が抵抗となって津波流の速度を低減し，さらに水深の増加によって局所洗掘を起こす渦が地面に直接には触れないようになりました．つまり，防潮林が堤防の越流状態を改善することによって，大きな渦が直接に地面に接することを避け，局所洗掘を防ぎ，堤防被害を低減できることを実験的に示しました．

もう１つの例は三次元(平面)津波水槽を用いた実験です．この実験は修士課

図 6.3　海岸堤防と防潮林の模型実験

動画 13　防潮堤背後の防潮林模型
(https://youtu.be/QHVCma2nwdU)
堤防背後に防潮林を配置し，陸側の水位を上げることによって洗掘を防止し，防潮堤の破堤を防ぐことができます．この映像は実験室での防潮林再現の様子を示しています．(早稲田大学理工学術院柴山研究室制作)

程の学生であった飯村浩太郎さん（現・大成建設技術研究所）が実施しました．断面変化する2つの直立海岸堤防を越流する津波の挙動を解明するために実験を行いました．日本では沿岸部を管轄する行政官庁別に，港湾，漁港，一般の海岸などいくつかの地域の分類に応じて海岸構造物の設計基準が，異なっています．そのため，地域の境界で突然に海岸堤防の高さが異なる場所がいくつもあります．東北地方太平洋沖地震津波のときには，特に福島県勿来海岸の例が有名で，この海岸では標高 6.2 m の堤防高さが 4.2 m に急変していました．

実験では図 6.4 に示すように，高さの異なる2つの堤防を置いて，波高計（WG），電磁流速計（ECM），ハイスピードカメラ（H-CAM），照明（LED）などの計測用の機器を配置し，平面的な流速の分布に関しては粒子画像流速測定法（PIV）を用いてデータを取得しました．結果としては堤防高さの低い方の堤防での越波量が高さの差が大きいほど増加し，越流量は断面が変化する部分で特に多くなることがわかりました．このように高さが急に変化する場所は東北以外にもたくさんあるため，今後，周囲での越流の動向に注意することが必要です．

ここまで，現地調査，数値シミュレーション，水理実験などの研究方法について述べてきました．これらを駆使した研究は，日本国内の共同研究でも行われていますが，現在は多くの研究は国際共同研究として行われています．早稲田大学の私の研究室には毎年夏になると，数か月から半年程度の予定でカナダ，

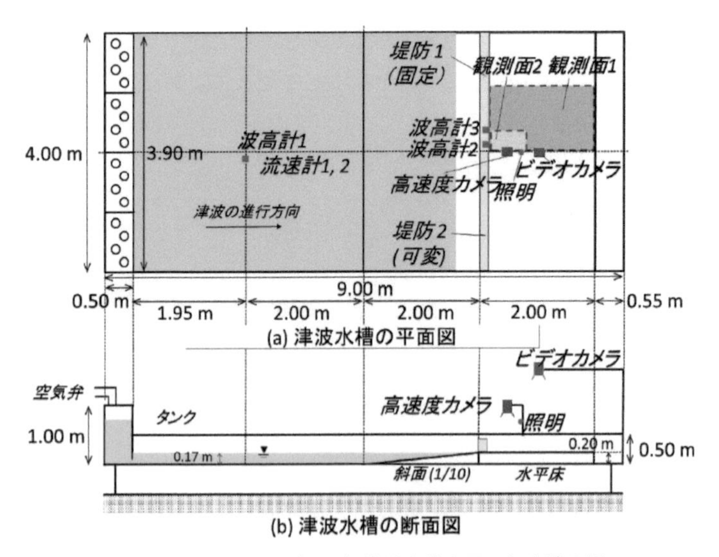

図 6.4　三次元（平面）津波水槽を用いた実験の例

ドイツ，イラン，フィリピンなどの提携大学から共同研究のために大学院生がやってきます．水理実験には労力が必要なのですが，多くの日本人の学生が協力して共同研究を進めています．また，日本人の学生も，ドイツやカナダの大学に出かけて水理実験や数値モデルの開発を行っています．若手の教員を含めて沿岸災害分野の研究者たちは国際的なチームを作って研究を行うことが非常に多くなり，またチームの作り方がうまくなってきました．私はこのような傾向が研究を加速させ，防災レベルを向上させるものと期待しています．

また，現地調査を行う場合にも国際共同研究が主流となっています．その際に，日本を中心とする調査隊と米国を中心とする調査隊には大きな違いがあることに気が付きました．日本が中心的役割を果たして国際調査隊を編成する場合には，インドネシア，スリランカ，フィリピン，バングラデシュなど災害が発生した国の大学に勤務する，日本に留学した経験を持つ元留学生の教員がともに調査に参加し，調査終了後もデータを共有し，地元の防災体制整備を担っていく場合が多くなります．これに比べて，米国の調査隊の場合には，元米国への留学生でそのまま米国の大学教員になっている研究者が参画する場合が多く，結果として調査の成果が地元に残りにくい状況となっていることが多いように思います．日本では1980年代初頭から，40年以上にわたって英語を使用言語とする大学・大学院留学生プログラムが普及し，帰国した元留学生の数が急激に増えたために，日本の災害研究者にとっては国際的にも研究を推進しやすい環境となっています．

動画 14　高さの変化する津波防潮堤 (https://youtu.be/k4xWLclS3bs)
日本では港湾，漁港，一般の海岸などいくつかの地域の分類に応じて海岸構造物の設計基準が異なっています．そのため，地域の境界で海岸堤防の高さが異なる場所があります．この実験ではそのような場所での津波の挙動を再現しています．（早稲田大学理工学術院柴山研究室制作）

動画 15　津波実験の多方向からの映像 (https://youtu.be/w57496utmGs)
津波高潮実験装置で行った津波再現実験の映像です．防潮堤を超えて陸上に氾濫してくる津波の挙動がわかります．（早稲田大学理工学術院柴山研究室制作）

コラム④

沿岸防災専門家の国際会議

沿岸災害について，専門家が集まって討議する国際会議には，「国際海岸工学会議(ICCE)」，「発展途上国における海岸工学会議(COPEDEC)」，「海岸工学に関するイスラム教国の会議 (ICOPMAS)」，「アジア太平洋海岸会議(APAC)」などがあり，長いものでは 40 年以上にわたって私は出席を続けてきました．それぞれの会議にはそれぞれ少しずつ異なった海岸防災の専門家がいて，40 年前からの友人も多く，参加すると世界の研究の動向を知ることができます．2006 年に米国サンディエゴで開催した ICCE では，私はインド洋津波の後にインドネシアのバンダアチェでの現地調査，特にこの津波での最大遡上高である 48.9 m を計測した事例について発表したのですが，この発表には多数の聴講者が集まり，200 人ほど入れる部屋がいっぱいで，立ち見の人もいたことを覚えています．1995 年にブラジルのリオデジャネイロで開催した COPEDEC で「途上国における海岸侵食の発現は高度経済成長が引き金となる」という主旨の発表を私がしたところ，発表中から異論，賛成表明が巻き起こり，会場が騒然となったことがありました．今では自然現象(海岸侵食)が経済現象(経済成長)と密接に関連していることは定説となったと思いますが，当時はこの 2 つが結び付いていないと考えていた研究者も多かったのだと思います．

第6章のよくある質問とその答え

Q　水理模型実験は手間もかかるし費用もかかると思うのですが，今後は数値シミュレーションモデルに置き換わるなどして実験が行われなくなっていく可能性はありますか．

A　数値モデルには，①モデル化する際に物理的な現象を単純化して計算できるようにしている，②計算をする際に用いる，物理条件が一様と仮定する空間の大きさ（計算格子の大きさ）が計算能力の限界によりある程度以上は細かくできない，などの制約があります．したがって物理現象を解明していくためには，模型は現実のものよりもずっと小さいなどの制約条件があるものの，水理模型実験の役割は今後も大きいものと思います．

Q　現地調査，数値シミュレーション，水理実験のうちでは，どれが最も重要な研究手法と言えますか．

A　現象を正確に理解し，将来を予測していくためにはこれらの３つをバランスよく使用していくことが大切です．実際に災害の現場で何が起こっていたかを把握するには現地調査を行うことが必須です．また，物理現象を単純化した条件の下で再現し，物理的な機構を理解するためには水理実験が必要です．さらに，現象を実物大のスケールで再現し，さらに将来の変化を予測するためには数値シミュレーションが不可欠の手段となります．

第7章

地域ごとの災害マップ

沿岸災害のリスクは，場所によって異なります．本章では私が地元の研究者として研究対象としている東京都と神奈川県の沿岸部について解説し，地域の視点の重要性について解説したいと思います．

7.1 東京湾の特徴

東京都，神奈川県について考えてみると，沿岸災害から見た弱点は低平地が海岸付近に広がっているということです．特に東京湾内の埋め立て地では，埋め立てが行われたのが比較的古い埋め立て地が問題となります．東京湾の埋め立て地は徳川家康の移封以来400年以上にわたって継続しています．さらに明治維新以降は殖産興業のために沿岸域の利用が必要で，埋め立てが進みました．図7.1に埋め立て地の地理的な分布を示します．東京，横浜，川崎，千葉，木更津などで埋め立てによって陸地が拡大している様子がわかります．防災の観点から特に気になるのは，川崎市に広がっている明治以来の埋め立て地で，地盤が低く液状化への対策もしてありませんが，工場などの産業が立地していて，一部に密集した住宅地もあります．川崎市の古い埋め立て地は工場用地が多く，工場用地には住民がいないために地方行政機関の関心が低く，対応が会社にある程度任されていることもあります．また，江東デルタには高度経済成長期の地下水取水による地盤の沈下の影響で形成されたゼロメートル地帯が広がっています．図7.2に示すように，荒川の両岸をはじめとして，広範な地域で地盤が低いことがわかります．東京はその後，地下水の利用を規制したために，現在では地盤の沈下は止まっていますが，一度沈下した部分は元に戻ることはありません．地下水利用による地盤沈下はバンコク，上海，ジャカルタなどのアジアのメガシティに共通する，現在でも進行している問題でもあ

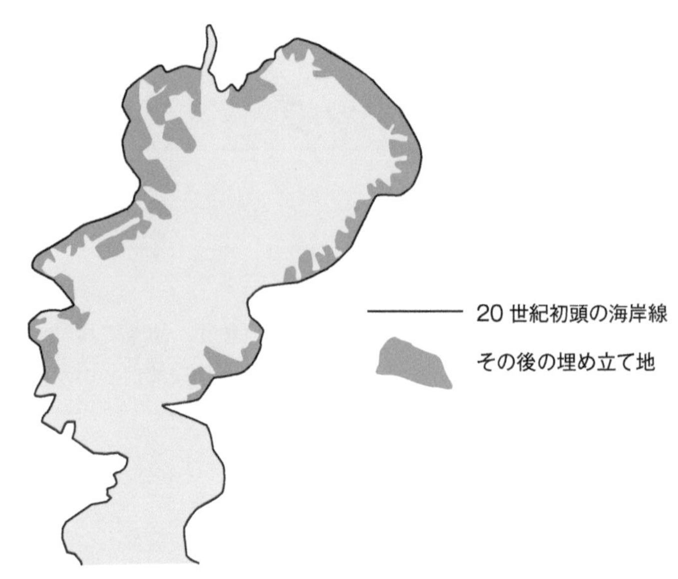

図 7.1　東京湾の埋め立て地（国土交通省資料（2012）のデータを用いて図化した）

図 7.2　東京のゼロメートル地帯（国土交通省資料，国土地理院数値国土データ（2016）のデータを用いて図化した）
数字は地盤高.

ります．台湾の沿岸部でも養殖池に真水を供給するために地下水を利用していて，地盤沈下が深刻な問題となっています．

また，東京湾は埋め立て時に，運河を残しているために複雑な地形をしていて，これが津波高潮侵入時の現象を複雑にしています．別々の通路を通った津波が出会うことにより水位が上昇する，運河の行き止まりで陸上に津波が氾濫するなどの事象が考えられます．また，湾岸には港が多く，高潮防潮堤外の堤外地で昼間には多くの人が就労している点も見逃せません．堤外地には標高の高い避難場所がないために，倉庫や荷揚げ場の屋上に避難場所を設置するなどの工夫が必要になります．一方で，東京湾に流れ込む多くの中小河川では，降雨時に洪水を避けるために効率的に水を海に流すことが必要です．このために，河口に防潮水門を設置できない場合があり，中小河川を通じて津波や高潮時に波が川を伝わって遡上してくる可能性があります．東京の目黒川，呑(のみ)川や古川，横浜市の帷子(かたびら)川，鎌倉市の滑(なめり)川，藤沢市の境川などはこの例です．

さらに低平地に人口が密集している東京を例に挙げれば，江東デルタは隅田川，江戸川に囲まれた地域のことで，江東区，墨田区の他に江戸川区の一部を含んで，ゼロメートル地帯が広がっています．ゼロメートル地帯とは標高，つまり東京湾平均海面からの高さがマイナスということですから，防潮堤がなければ，1 日の半分ほどは海水面以下ということになります．東京や横浜の沿岸部でも街中の表示で海抜○m と表示されることが多いですが，海抜は近傍の海域の平均水面からの高さですので，東京や横浜などの場合には標高と海抜は同じ意味になります．図 7.3 は横浜市の電信柱に表示された海抜の表示です．

図 7.3　街中での海抜表示の例

ただし，日本国内では標高を海抜として用いる（近傍の海域での平均水面高さに東京湾の平均水面をそのまま用いる）ことにしている地域が多くなっています．また，この地域は高潮防潮堤で守られていますが，スーパー堤防のように十分な断面と質量をもったものではない,壁のような特殊堤が主流であるため,防潮堤の耐震性は低いと考えられます.

7.2 東京の沿岸部と江東デルタ

江東デルタ地域では，大規模な高潮が陸上に氾濫した場合には1-2ｍ程度の水が数日にわたって滞留することが考えられます．地震と津波の場合も，防潮堤が地震動で一部機能しなくなれば，ゼロメートル地帯には海水が氾濫することになります．また，高潮を事前に予測することは，台風の進路の予測が難しいために精度が低く，台風が接近する直前にならないと確実な予測はできません．したがって，江東デルタの場合，海水氾濫時にマンションなどの３階以上にたくさんの住民が留まっていることになり，水が引いて水道，電気，上水道，下水道などの社会基盤施設が機能を取り戻すまでの間，どのように生活を支えていくかが大きな問題となります．特に氾濫水が地上にとどまっている状態では下水道は機能しませんので，トイレが使えない状態が続くことになります．このような事態に備えて，食料，水，簡易トイレなどの備蓄をそれぞれの家庭でも進めていく必要があります.

東京の沿岸域は，地下の利用も輻輳しています．東京の地下鉄に関しては,近年は浸水域にある出入り口に止水板を付けて水の侵入を阻止する，連続しているトンネル内に水門を取り付けてトンネル網全体への波及をくい止めるなどの施策が徐々に実行されています．これらはすでにはっきりしているリスクに関してできることをしたということですが，万全の対策が施されているという意味ではありません．津波のときは事前に地震による振動で止水装置に不具合が発生して浸水する可能性があるかもしれません．したがって災害時には地下への浸水があるものとして地上に避難するのが基本的に必要です．相模トラフの地震が津波の波源である場合には，地震の揺れも大きいので，高潮防潮堤を含めて，防水施設がすべて健全に機能することは期待できないと思います.

7.3 横浜と川崎

横浜市，川崎市の明治以来の古い埋め立て地の地盤は低いので，これらの地域に浸水が広がるのは覚悟する必要があります．また，湾口から入ってきた津波は横浜市沿岸で反射するので海岸の波高が高くなります．横浜駅周辺では帷子川を遡上するために横浜駅西口でも浸水します．具体的には横浜駅東口は津波の浸水高さが高く，地下街もあります．地下道路や地下街への入り口を見れば，浸水を防ぐことは難しいので，地下街への浸水の可能性があります．ここを通行する方，商店街などを利用する方は避難の方法をあらかじめよく考えておく必要があります．

湾外からくる津波の場合は到達するまで時間があるので，地震が発生したらすぐに地下街を出て，鉄筋コンクリートの建物の2階以上に避難する必要がありますが，横浜駅東口では3階相当部分に広い人工地盤の避難場所があります．東京湾内で発生する津波の場合には地震発生後にすぐに来るのですが，高さは低いので浸水の可能性のある所は限られます．

浸水地域の算定は県庁や都庁で行いますが，避難の仕方を考えるのは，区役所や市役所です．最寄りの避難施設への動線はある程度考慮していますが，収容能力を含めた検討は場所により，難しくなります．例えば横浜駅東口は百貨店近傍の人工地盤上にまず上り，大手企業本社ビルなどの協力施設に順次収容していく手筈になっています．土曜日午後などのたくさん人がいる時間帯には避難者の交通整理が課題になります．避難の設計は，私の研究室では地盤が低い，観光客が多いなど条件の厳しい鎌倉市をモデルに数値避難シミュレーションで検討していますが，観光や買い物などのためにそこにたまたま居合わせる，一時滞在者の避難が課題になります．個々人が居住地，勤務場所，通勤通学路，一時滞在場所などでの避難のイメージをあらかじめ作っておくことは非常に重要です．

7.4 相模湾沿岸

東海・東南海・南海地震津波などのように，南西から津波が伝播してくる場合には，鎌倉や逗子は，相模湾の湾奥に位置することになり，津波のエネルギーが集中しやすい場所になります．また，沿岸部の低平地に都市が広がっているため，津波の来襲時に高台や避難ビルに避難することが必要になります．

神奈川県西部は，沿岸部に西湘バイパスがあり，道路下部を締め切ることにより，津波来襲時には防潮堤のように機能することが期待できます．一方で，1902年の足尾台風に伴う小田原大海嘯に見られるように，高潮・高波が堤防を超えた例もあるので注意が必要となっています．

一方で，4.2（11）で紹介したように，太平洋沿岸を東から西に進むような普段とは異なった方向から台風が進んでくると，高潮，高波の伝播してくる順序が異なるため，防災担当者が体験的に得ている知識とは別の順序で被災が始まることもあるため，注意が必要です．

7.5 東北地方沿岸

東北地方沿岸は2011年の津波では青森県から福島県に至る，太平洋岸全域に大きな津波が押し寄せました．ところが4.1（6）で述べたように明治以降のはっきりとした調査記録が残されている時期に限ってみると，岩手県から宮城県北部のリアス海岸とそれ以外の地域では，経験が全く異なることがわかります．岩手県の海岸では明治三陸地震津波（1896年）から115年後の2011年に，遡上高が40 mを超える非常に大きな津波が押し寄せました．この115年の間に昭和三陸地震津波（1933年），チリ津波（1960年）も来襲していて，津波の常襲地帯であると言えます．ところが，仙台平野から福島県にかけての沿岸では，大きな津波は869年の貞観津波以来，1142年ぶりということになります．この2つの地域では，地域社会に残されている記憶が全く異なり，結果として復興過程での地域住民の選択も異なることになりました．具体的には岩手県では住居地を嵩上げをして元の市街地と同じ場所で復興を図る例が多い（陸前高田など）のに対して，仙台平野では荒浜地区のように土地の住宅地としての使用を断念して沿岸域から撤退する選択をしています．

東北地方に限らず，日本の沿岸では，比較的人口密度の低い農村，漁村地帯で，住民が避難する際に自動車を使用する必要があります．この場合，避難の計画には交通渋滞を避けて，住民の避難が早めに終了するような工夫が必要で，あらかじめ地区ごとに使用する道路を定め，交差点での渋滞を避ける必要があります．私の研究室でも，徒歩で避難する人と自動車で避難する人が混在する数値モデルを開発して検討していますが，地域の人口分布，道路状況，避難場所までの距離などによって，地域ごとに工夫する必要があることがわかっています．

7.6 海外の事情

日本企業の生産拠点が海外へも広がっている状況を踏まえて，大規模な国際的沿岸災害が発生した場合に，日本企業の生産サプライチェーンをどう守っていくかも大きな課題として残っています．日本の企業が生産拠点や物流拠点を持っているベトナムの沿岸都市ハイフォンを調べてみると，高潮による浸水の可能性の高い地域に工場や倉庫が立地していることがわかりました．途上国にはこのような臨海工業地域が多く，国際的なサプライチェーンの広がりと緊密なつながりを考えると中間財，部品などの供給が滞るなどの事態が予想されます．多くの途上国では日本ほどには沿岸災害への関心が高いわけではないので，ハザードマップの整備も遅れています．海外の災害が日本の生産システムに影響を与えることも予測し，対策を考えておく必要があります．

コラム⑤

カナダ・レゾリュート村

2022 年 9 月末に，北極圏にあるカナダのレゾリュート村を訪れました．カナダ北東部にあるコーンウォリス島（クイーン・エリザベス諸島）の南岸に位置しています．オタワ大学のニストール教授と修士課程学生のフォーサイスさんとの共同研究です．この村は 1850 年代にカナダ政府の政策で他地域からイヌイットの家族を移住させたことに始まり，現在はイヌイットの猟師の集団と，ビジネスのために他地域から最近移住した人を合わせて 200 人程度の人が暮らしています．訪問した 9 月末は夏から冬への季節の変わり目で，気温は－8℃でそれほど低くないのですが，10 m/s 程度の強い風が常時吹いているために体感温度は低くなっていました．陸地は岩と礫で覆われ，海岸は礫浜が続いています（写真参照）．礫浜にはところどころにクジラをはじめとする大型生物の死体が打ち上げられていて，これを食べるために北極熊が出没していました．私の調査対象は海岸で，温暖化のために海氷のある期間が短くなり，風のエネルギーが海の表面に伝わって波高の高い風波が発生することが多くなり，礫の移動が活発になっています．この他に海氷が海から陸に向かって礫を押し上げる機構も氷の減少で弱まっているようです．

図 レゾリュート村の礫浜

第 7 章のよくある質問とその答え

Q　この本では東京湾，相模湾が主に取り上げられていますが，大阪湾，伊勢湾や有明海など，他の沿岸域についても同様の検討が行われているのでしょうか．

A　日本各地で県レベルでは津波や高潮が発生した場合の最大水位，陸上の氾濫域，津波水深，高潮水深，排水までにかかる時間などが検討され，市や町のレベルでは避難計画の策定が行われています．特に東京湾，大阪湾，伊勢湾など，沿岸域の都市化の進んでいる地域では人口密度が高く，住民の防災意識も高いので，災害情報が自治体に蓄積されています．各自治体のウェブページを見るなどして，情報に接しておくことが身を守るためには必要です．

Q　東京湾などの都市化の進んだ沿岸域と，そうではない沿岸域では防災方法も異なるのでしょうか．

A　都市化の進んだ地域では，4 階建て以上の堅固な鉄筋コンクリート造りの建物が多く，避難場所がたくさんあるため，避難計画を作ることにより，人命が失われることを防ぐことができます．一方で避難する場所の少ない沿岸域では，学校などの公共の建物の建て替え時などに避難場所を作っていくなど，長期的な取り組みで避難場所を確保していく必要があります．

第8章

他の自然災害との対比

8.1 多くの自然災害の可能性

日本列島は「災害列島」とも言われるほどに，多くの災害が発生する可能性があります．それらは，地震およびそれに起因して起こる振動による構造物の破壊，地盤の液状化，都市域での火災，津波などと，火山の噴火に伴う災害，台風，低気圧などの気象擾乱によって発生する河川洪水，高潮，高波などがあります．日本では，2011 年の東北大震災までは，長い期間にわたって，1923 年に発生した関東大震災の大きな被害をイメージして，地震に伴う火災を対象に避難訓練が行われてきました．1950 年代に生まれた私の年代でも，小学校のころから，地震に伴う火災を想定して，避難訓練では延焼の危険のない広い校庭に全員が集合し，その後に安全な場所に順次避難することになっていました．現在では地域ごとに多様な災害があることがわかってきましたので，それを前提に，災害によって避難方法を変える必要があり，災害の特性に応じた避難が求められています．

本書では主に津波・高潮・高波の沿岸災害を対象に説明をしてきましたが，本章では，それ以外の災害と対比して，それぞれの地域ごとに対象とするべき災害を特定して，それらに対する総合的対策を考えていく事例を地震と津波，さらに火山噴火などが連続して起きる場合などを取り上げて検討してみたいと思います．

東北地方太平洋沖地震津波後の技術者や研究者の間の議論では，あらかじめ予想されていなかった「想定外」の事態をどのようになくしていくのかについての議論が行われました．地震の研究者，津波などの沿岸災害の研究者，市町の防災担当者が分業して，それぞれ別の会議体で議論を進めてきたのが「想定外」を生んだ1つの理由だったと思います．その後，この三者は一緒に議論する機会も増えてこの問題はかなり解消されてきたと感じています．一方で，現在でも津波・高潮の研究者，火山噴火の研究者，地震の研究者，火災の研究者などは完全な分業体制でそれぞれの研究を進めていて，我々がまだ気が付いていない「想定外」はこのような土壌の中に潜んでいるのではないかと危惧をしています．

神奈川県を例にとると，神奈川県域内では18世紀の初頭に大きな災害に見舞われています．1703年に相模トラフを震源とする元禄関東地震が起こり，地震動とそれに伴う火災や山腹崩壊などの被害の後に津波が相模灘沿岸に来襲しました．その4年後には1707年の富士山の宝永噴火があり，神奈川県の西部は大きな被害を受けました．このときは江戸の街にも火山灰が降ったのですが，当時の小田原藩領であった酒匂川の流域は大量の火山灰によって河道が埋没し，毎年のように洪水が起こるようになりました．小田原藩のみでこの事態に対処するのは不可能で，一時的に幕府の直轄領として，治水事業を進めました．神奈川県庁の技術者の方と話をしていて気が付いたのは，このような連続的な地震，津波，火山噴火という災害は，郷土の記録としては残っていて，個別の対応は進んでいるものの，必ずしも具体的な一連のイメージとして行政の中では意識されていないということです．

8.2　火山の研究

その後，富士山の噴火については私の研究室でも研究を進めました．火山灰の降灰については風の状況に支配されるために，季節ごとに宝永噴火と同規模の噴火が起こった場合の火山灰の堆積量を数値モデルで予測し，東名高速道路，中央自動車道，第二東名高速道路，東海道新幹線などの交通網維持のために必要な火山灰除去のためのロードローラーなどの装備の所要量を計算しています（Tomii, Shibayama ら，2020）．**図 8.1** に数値モデルの全体像を示します．噴火直後に噴煙高さを推定します．これは航空機などの報告も交えて，決定することになります．次に，降下した火山灰を火山周辺で採集し，粒度などを調べます．続いて天気予報や高潮予測の際に用いたWRF（気候予測モデル）を用いて数日間の風向き，降雨の予測をし，WRF-Chem あるいは FALL3D などの

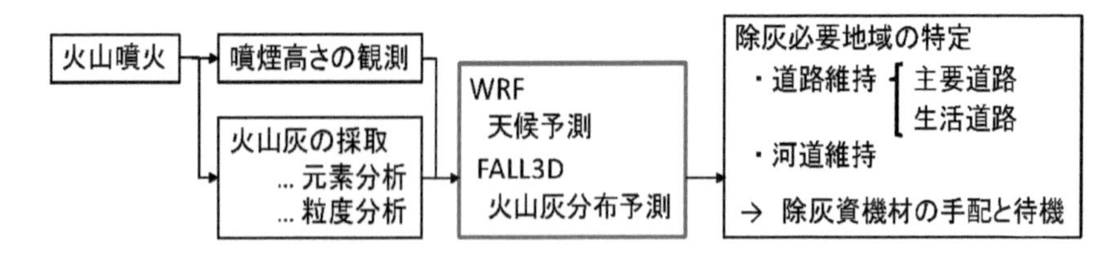

図 8.1　火山灰降灰予測手法の概要

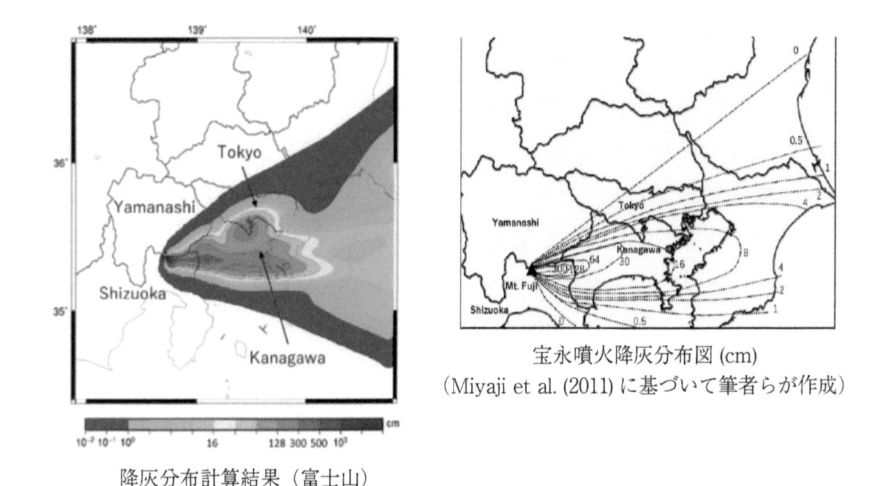

降灰分布計算結果（富士山）

宝永噴火降灰分布図 (cm)
(Miyaji et al. (2011) に基づいて筆者らが作成)

図 8.2　富士山宝永噴火の数値シミュレーション結果の例

火山灰の移流・拡散と降下を求めるプログラムを用いて，地上への降下分布を予測し，降灰量を求めることになります．降灰量がわかると，道路，鉄道などの社会基盤施設，河川や海岸などへの影響を推定することができます．道路の場合には，ホイールローダーやローダーロードスイーパーなどの降灰を除去する機材を分布予測量に基づいて適正に配置し，車両の交通を維持することが必要となります．

図 8.2 に富士山の宝永噴火の再現シミュレーションの結果の例を示します．左の図は噴火当時と季節の一致する 2018 年 12 月 16 日から 2019 年 1 月 1 日の 16 日間に気象条件を置き換え，宝永噴火当時の記録を基に噴火のシナリオを作成しておこなった全降灰量の分布図です．右の図は Miyaji et al. (2011) によって作成された降灰量の地質調査による推定値です．降灰量は数値シミュレーションでは少し過大評価になっていますが，定性的には降灰の範囲はよく似て

おり，過去の経験を振り返るうえでは数値シミュレーションは有効な手段であることがわかると思います．

噴火はいつ起こるかわからないので，季節を変えてさまざまな条件で数値シミュレーションをした結果，東京－大阪間の道路交通の維持のためには，季節によっては降灰域に含まれている東名高速道路，第二東名高速道路，中央自動車道などの通行の維持が困難となり，関越自動車道を含めて迂回路を設定する必要があることがわかってきました．

もう少し詳しく火山について述べておきます．日本は全国に110の活火山があり，世界有数の火山国とも言われています．先に述べた1707年の富士山の宝永噴火のようなことが起これば，周辺地域は広範囲にわたって火山灰の降下と堆積に見舞われることになります．特に社会基盤施設に着目すると東名高速道路，東海道新幹線などの交通施設，酒匂川などの河川，相模湾の水産業などは大きな影響を受けることがわかっています．

2014年9月27日には長野県と岐阜県の県境に位置する御嶽山(おんたけさん)が噴火しました．2007年の小規模噴火のあとは目立った活動がなかったこともあり，突然の噴火に対応できず，58人の方が亡くなるという惨事になりました．私は早稲田大学チームを率いて，10月3日に周辺の地域で火山灰を収集し，その物理的な性質を計測するとともに降灰量の分布図を作成し，数値シミュレーションを行いました．山腹から流れ始める王滝川には大量の火山灰が流入しました．川は急勾配の地形のために流速が速く，乱流状態で流下しているために火山灰は沈殿することなく下流側に浮遊状態で運ばれていました．ところが川の途中に建設されたダムの周辺では，ダム湖の入り口付近で川の流速が失われるために付近に大量の火山灰が堆積していることがわかりました．富士山の宝永噴火の際には足柄平野を流れる酒匂川の流路に火山灰が堆積し，その後の河川洪水の頻発につながりましたので，このような河川への影響にも今後対策を考慮していく必要があります．

2017年10月11日に宮崎県と鹿児島県の県境に位置する霧島新燃岳(しんもえだけ)が2011年以来6年ぶりに噴火しました．私は早稲田大学隊を組織して高原町の周辺で元素分析を行うために火山灰試料の採取を行い，降灰量の分布の調査も行いました．火山灰の中央粒径が0.0070 mmと小さくて飛びやすかったために，1 m^2あたりの降灰量が165 gとなる地点もあり，降灰量としては比較的多かったと言えます．一方で，硫黄の含有量が1.18％と少なく，固化現象が起きにくかったために農作物などへの被害は比較的に少なかったものと思われます．

2018年1月23日には草津本白根山（もとしらねさん）を構成する3山体の内，本白根山鏡池北火口で噴火が発生しました．この噴火では有史以来噴火がなかったことと前兆と言えるような火山活動の変化も観測されていなかったために死者1人を含む人的な被害が発生しました．私は1月25日に早稲田大学隊とともに，降灰範囲の主軸の方向を推定し，火口から北東方向へ6 kmから23 km離れた地域で現地調査を実施しました．この時期は積雪があり，さらなる新たな降雪の中での調査になりましたので，雪の堆積層を掘削して断面を露出させ，1 cm程度の火山灰の層があるのを見つけて試料を採取するという作業になりました．数値シミュレーションを実施すると，定性的には実際の火山灰の分布と一致するのですが，定量的には火山からの噴出量の時間的変化に堆積量は大きく依存するため，推定精度は噴出量の評価精度によって決まることになります．現在は噴出量は噴煙柱の高さを用いて算定することにしていますが，噴煙高さの直接の観測は難しいため，今のところは数値モデルで定量的な降灰量を予測するための制約条件となってます．

以上に述べたように，沿岸災害に限らず，火山災害についても新たな予測システムの開発が行われています．その際に火山噴火そのものの予測は現在の科学・技術では難しいため，噴火が発生してから直ちにデータ収集作業を始めて，数日間の火山灰の降下予測を行うことが現実的です．予測結果を用いて道路，鉄道など社会インフラの維持計画を立案し，また海岸や河川への影響を予測して対処方法を実施していくという方向で研究が進んでいます．

8.3　複数の自然災害の総合評価

日本の行政機関はこれまでに多くの災害の数値予測結果を数値地図情報として公表してきました．これらは広く，災害科学技術の発展に裏付けされているととらえることができます．私の研究室の修士課程学生だった星山尚輝さんは，これらの情報を調べて，地域住民がどれだけ具体的な予想を自ら把握できるのかを調べました．2021年12月の段階で，地震による建物の揺れ倒壊，地盤の液状化，火災による延焼，河川氾濫，土砂災害，津波，高潮の7つの災害について定量化することができる情報がすでにあることがわかりました．日本全体を見渡すと，都道府県単位でみても情報の整備には偏りがあり，都市部に比べて特に北海道，東北，北陸地方などの農村部ではまだ情報の整備が進んでいないこともわかりました．

公開されている数値情報を基に，地域ごとに7つの災害の頻度（発生確率），失われる財産を金額換算した値を求めることができます．例えば○○市××駅周辺では，揺れによる倒壊・液状化・土砂関連災害・火災延焼・大雨洪水の5つの災害リスクがあり，1年あたりの発生確率と1回の災害ごとの失われる金額を掛け合わせて，1年間の被害予測金額はそれぞれ，10万6千円，1万4千円，5万2千円，10万円，1万8千円というように算定することができました．当然ですがこの金額の算定では，海に近い沿岸域の街を対象にすると，津波や高潮による被害金額が大きな割合を占めることになります．**図8.3**は東京を対象に高潮の被害を算定するために用いた数値地図の例です．この場合には東京都庁の発表した数値地図を基に，1年あたりの発生確率は0.03%として，地域ごとの金額を計算することになります．

このような被害予測金額を日本の各所で行ったところ，地域ごとに発生する可能性のある災害が異なり，その被害金額も同じ地域でも場所によって大きく異なることがわかってきました．例えば川崎市の登戸（のぼりと）駅周辺では大雨による洪水が被害金額の98.5%を占めていますが，横須賀市の衣笠駅周辺では土砂災害が全体の94.4%を占めています．一方で横浜市の井土ヶ谷駅周辺では，地震の揺れによる倒壊，地盤の液状化，土砂災害，火災の延焼，大雨による洪水など，いくつもの災害被害を算定する必要があります．この定量化の方法はまだ試算の段階ですが，より精緻な情報を入力することにより，1軒ごとに被害の可能性を金額であらかじめ示すことができるようになると期待しています．その被害金額の分布を見ながら，地価，住宅建設費，通勤などの生活利便性を勘案しながら，各人の住居を選定できるようになれば，数十年の時間をかけて，緩やかに少しずつ安全な場所に人々の居住地が移っていく過程が実現できることになります．

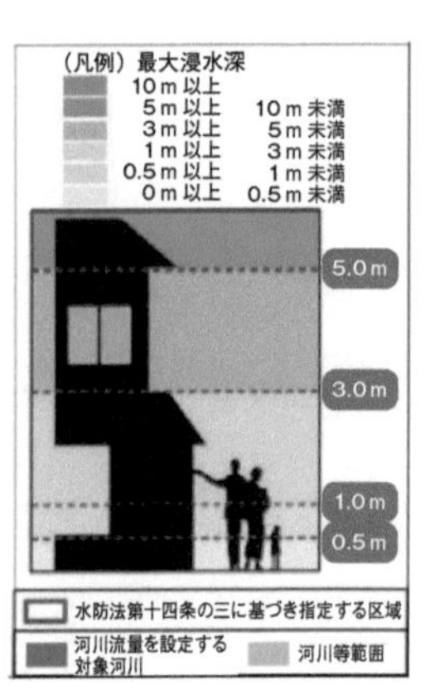

台風の規模	既往最大規模の台風 （室戸台風級：910 hPa）
経路	東京湾に最大の高潮を発生させるような経路
堤防	最悪の事態を想定し，堤防の決壊を見込む
河川	高潮と同時に河川での洪水を考慮
台風通過確率	1000 ～ 5000 年に一度

※ 10 m メッシュ
※中心気圧 910 hPa（室戸台風クラスを想定）
※ 1 年当たりの発生確率は 0.03%

図 8.3　東京の高潮浸水の例（東京都，2020）

コラム❻

国際学術誌への論文発表と英語単行本の発刊

調査結果を普遍化していくには，沿岸災害分野の著名な学術雑誌に論文を発表し，多くの専門家に内容を理解してもらう必要があります．日本の研究者が中心となって運営している Coastal Engineering Journal の他に，ヨーロッパ系の Coastal Engineering, 北米系の Journal of Waterway, Port, Coastal, and Ocean Engineering (ASCE, WW) などがあり，自然災害全体を対象としている Natural Hazards にもたくさんの論文が私の研究室から掲載されています．Coastal Engineering Journal は日本の土木学会海岸工学委員会が 1958 年から編集している英文研究誌で，65 年の歴史があります．私は 2005 年から 4 年間にわたってこの論文誌の編集長を務めました．国際雑誌の編集長は査読者の修正意見と投稿者の回答をよく読んで，最終的に雑誌に登載するかどうかを判断する必要があり，研究分野の内容と動向をよく理解している必要があるため，かなり時間のかかる仕事になります．研究成果がある程度まで蓄積されると，単行本としてまとめて読者に提供することが知識の普及のために有効です．私は 2022 年に "Coastal Disaster Surveys and Assessment for Risk Mitigation" を私の研究室出身の 34 人の博士卒業生と共著で Taylor & Francis から出版しました．

第8章のよくある質問とその答え

Q 日本は「災害列島」と言われるようにいろいろな災害があることはわかりましたが，海外の他の地域や国でも同じように多くの災害を抱えている例はありますか．

A インドネシアとフィリピンは，地震，火山噴火，津波，台風，高潮，高波，山腹崩壊，液状化，地盤沈下など，日本と同じように多くの災害に対する脆弱性を抱えています．その他の国々でも例えばチリは地震，火山噴火，津波，ブータンは斜面崩壊，タイは河川洪水，バングラデシュは高潮など，いくつかの特徴的な災害への脆弱性を抱えています．これらの国々では，それぞれの抱えている災害への関心が高いため，日本の研究者もこれらの国々の研究者と連携して研究を進めています．

Q 取り上げられている災害は多岐にわたるようですが，それぞれには関連性があるように見えるのですが，うまく整理することはできますか．

A 災害の起動力で分けてみると大きくは地殻変動と気象変動に分けられます．地殻変動によるものは地震と火山噴火です．この場合には津波，斜面崩壊，火災，火山灰の降灰などが起こります．気象変動によるものは台風と低気圧で，高潮，高波，強風，河川洪水，斜面崩壊などが起こり，地球温暖化の影響が大きいのもこちらの方です．これらの2つの起動力の間には関係性はないので，それぞれ独立に起こることになります．同時に起こる可能性はきわめて低いとしても，一方の災害被害から立ち直るまえにもう一方の災害が起こると，さらに大きな被害を出すことになる可能性があります．東北地方太平洋沖地震津波の際には，津波によって海岸堤防などが崩壊した後に，復旧する前に台風が来襲することを予測して，大きな土嚢を置くなど応急的な対応をしました．

第9章

どのように沿岸災害から身を守るか

これまで述べてきたように，被災の事情は国や場所によってさまざまですが，その社会的な文脈を読み解くことによって，地域住民，災害研究者，災害コンサルタント技術者，中央官庁の職員，地方公共団体の職員が協力して，対応する減災シナリオを作成していくことができます．シナリオは地域ごとに違っていて，日本全体を見渡して減災シナリオはこれであるという全国に適用可能な1つのシナリオを提示することはできません．「地域の事情をきちんとくみ取った上で減災シナリオを作成して，市町の担当者や地域住民の皆さんと共に有事に備えていく」，これが基本的な私の研究の立場です．以下では沿岸災害低減の視点からいくつかの話題について述べたいと思います．

9.1 津波想定の分類

津波から陸側をどのように守るかについては，東北地方太平洋沖地震津波の後に大きな考え方の変更がありました．それは防護のレベルを2段階に分けて考えるということです．「津波防護レベル」（レベル1）は防潮堤などの構造物で対応する津波のレベルで，防潮堤や海岸堤防などの海岸防護施設の設計で用いる津波高さのことです．再現確率が数十年から百数十年に1回程度の津波を対象として，沿岸部の資産を守ることを目標にすることを考えています．津波防護レベルは100年に1回程度の津波が対象ですから，東北地方の例で言えば岩手県の三陸海岸では明治三陸地震津波（1896年）と東北地方太平洋沖地震津波（2011年）をイメージしています．さらに，「津波減災レベル」（レベル2）がその上にあって，これは避難計画のための津波のレベルで，防護レベルを上回る津波に対して，人命を守るために必要な最大限の措置を行うというものです．津波減災レベルは場所によっては非常に高い値になるか，場合によって最大値が容易には想像できないくらいに非常に高い値になる場合がありますが，それに対しては避難計画を立てて人命の損失を防ぐことになっています．国内の各地域において，歴史文書の記述，ボーリング調査の結果，数値シミュレーションによる算定などの資料を用いて過去の津波を整理し，2つのレベルの津波高さを確定していく作業が東北地方太平洋沖地震津波後に行われました．例えば神奈川県の鎌倉・逗子・葉山地域では明応地震津波，元禄地震津波，安政地震津波，大正関東地震津波などの歴史津波と10ほどの想定地震に基づく数値シミュレーション結果を総合して，津波防護レベル（レベル1）の高さを8.8 m程度としています．また，9つの地震の津波シミュレーションに基づいて，津波避難レベル（レベル2）を鎌倉市では14.5 m，逗子市では12.8 m，葉山町では10.2 mとしています．このように津波の高さの目安を決めることにより，沿岸構造物の高さ（防護レベル，レベル1），避難用のハザードマップの作成のために数値シミュレーションに入力する津波高さ（避難レベル，レベル2）を定めることができるようになります．

9.2　避難場所の設定

避難場所についてはどのように考えればよいでしょうか．**図9.1**と**表9.1**を見てください．市町の置かれた地形条件を場所ごとに分析して，Aランクは絶対に浸水しない場所で，背後に標高の高い後背地を有する丘です．田老地区の避難場所の赤沼山は，まさにそのような場所です．丘の上で，後ろがどんどん高くなっていますから，まず避難場所に逃げて，さらに津波が来そうだったらその後ろに逃げていけるということが想定できますので，このような場所がAランクです．Bランクは堅固な6階建て以上の建物か，20 m以上の地盤高の丘です．ここは，浸水は免れるものの，津波のときには孤立する可能性があります．水位が高くなり，それ以上逃げたくても，そこに立てこもるしかないのでBランクです．Cランクは堅固な4階建て以上の建物です．これは，津波の場合などに，場所によってもしかしたら水位が屋上を超えて来てしまうかもしれないけれど，ほかに逃げるところがなければ氾濫した水を避けるために逃げ込むという場所にしておきます．信頼度のランクでA，B，Cの分類を付与して，それでどのくらいの割合の人が時間内にそこまで逃げ込めるかとい

図 9.1　避難場所の分類の説明図

表 9.1　避難場所分類の説明表

カテゴリー	概　要
A	背後に標高の高い後背地を有する丘
B	堅固な 7 階建て以上の建物か，20 m 以上の地盤高の丘（津波来襲時に孤立するため，さらに水位が上がったときに危険となる）
C	堅固な 4 階建て以上の建物（津波の規模によって水没する可能性がある）

カテゴリー（A，B，C）を付けて指定し，住民は津波来襲の状況，時間的な余裕に応じて避難場所を選ぶ．

う観点で整理してみたところ，沿岸域では逃げるのが難しい場所がたくさん抽出されました．避難場所がどこにあるか，きちんと ABC のランクを付けて探していくことによって，住民の安全が図れるかどうかを確認することができます．避難場所になる A ランクの丘があるか，C は緊急時に取りあえず逃げ込む場所であらゆる場合に安全かどうかはわからないということに注意して，地域で具体的に場所を探していくという作業を進めることで，避難場所をあらかじめ探していくことが必要です．さらに避難場所に到達するための道順を確かめておくことも重要です．

9.3 ハザードマップの公表と利用方法

住民の避難に資する資料として，各自治体から津波，高潮などの沿岸災害に対して，地図の上でどのくらいの範囲にどのくらいの高さの波がやってくるかについて，ハザードマップが公開されています．津波，高潮を予測するのは，都道府県レベルの自治体の役割です．一方で予測に基づいて，住民の避難を計画するのは市町村レベルの自治体の役割となります．このため，どちらの自治体からもハザードマップに相当する予測地図が公開されることになります．

ハザードマップの作成は数値予測モデルを用いて行われます．私は神奈川県庁の津波や高潮の検討部会の部会長を務め，神奈川県の東京湾沿岸，相模灘沿岸それぞれについて，予測値の算定に協力してきました．津波や高潮のハザードマップに示されている災害のイメージは，過去の歴史などから選び出された条件に従って，海底や陸上の地形を用いて計算したものです．したがって条件の設定の仕方や，与える地形の細やかさに応じて，実際の津波や高潮の実像は規模的にも場所的にも少しずれることが考えられます．ハザードマップを使用する場合には，このずれや計算の揺らぎも考慮して，少し広めの領域に想定より大きな波が来襲することもありうると考えておく必要があります．

具体的には自宅や職場，学校，さらには通勤通学路などについて，被災の可能性と，避難の仕方について，イメージをあらかじめ持っておくことが有用です．避難所も地震・火災に適するものと，津波・高潮・河川洪水などに適するものは違います．沿岸災害の場合には基本的には標高の高い場所にいることが有利になりますので，それぞれの場所の標高を確かめておくことも肝要です．標高は近年では電信柱，駅の入り口などに表示してあることが多くなりましたが，スマートフォン上の地図アプリでも大まかな標高を調べることができます．私の通勤路の場合ですと，徒歩を選択した場合標高 19 m から出発して，途中 6 m 程度の低地を通り，目的地は 28 m となります．途中は神田川に沿った道を通るために，この区間では大雨のときなどは河川洪水の可能性があることになります．

9.4 高潮からの避難

津波を起こす地震は具体的にその発生場所や時間を予測することができません．これに対して高潮や高波を発生させる台風はいつ日本列島に来襲するのかを天気予報によってあらかじめ予測することが可能です．ところが，高潮は台風の経路によって発生する場所が異なります．そのため，現在の天気予報の精度と台風経路に対する高潮の感度を総合すると，おおむね半日くらい前にならないと，具体的に高潮の場所と規模を予測することは実用上はできません．半日くらい前になると風雨が強まり，遠距離にわたる水平避難，すなわち別の安全な場所にあらかじめ避難するのは難しいことになります．その代わり，近所の堅固な鉄筋コンクリート造の建物の3階あるいは4階以上に避難(垂直避難)することが現実的な選択肢になると思います．ただし，この場合には陸上に氾濫した水がなくなるまで，被災地に孤立した住民が取り残される状態が継続することになります．陸上に氾濫した高潮の高さや湛水の継続時間は予測できていますので，避難の仕方や孤立した生活を維持できるように生活必需品を各戸に備蓄しておくなど，発災時の対応方法について，あらかじめよく検討しておく必要があります．

9.5 住民避難の予測モデル

住民避難については，私の研究室で研究を進めた高畠知行博士（現・近畿大学准教授）が一人一人の住民の避難行動がモデルに反映できるエージェントモデルを用いて，詳細な住民の行動選択，地元住民と旅行者の相互作用，歩行者と自動車の相互作用などを主に鎌倉市を対象に開発しています．このようなモデルにより，住民一人一人の避難行動をどう合理的に設計するかを検討できるようになっています．このモデルは自動車による避難と徒歩による避難を同時に検討できるなど，地域の実情に応じた使用ができる，実用レベルでの使用性が高いものとなっています．

鎌倉をはじめとして，多くの沿岸地域の観光地では，津波はその地域をよく知る地域住民だけでなく，一時的にそこを訪れる観光客にとっても脅威となるため，避難計画を作成する際には両者を考慮することが重要です．地域住民と来訪者の異なる行動を考慮し，避難時間，各避難所への到達者数，ボトルネックの位置，犠牲者数などを推定できるエージェントベースの津波避難モデルを開発しました（Takabatake, Shibayama ら , 2017）．このモデルを適用して，鎌倉市の由比ヶ浜海岸の事例を研究し，その結果，訪問者の行動と人数が避難プロセス，特にボトルネックの位置と死傷者数に大きな影響を与えることがわかりました．また，来訪者が多い場所では，避難時に混雑が発生するため，混雑による移動速度の低下を適切に考慮して避難シミュレーションを行う必要があることもわかりました．このことから，観光地では，津波による犠牲者を減らすために，渋滞の緩和(道路の拡幅，渋滞の少ない道路への誘導)が重要な対策であると考えられます．

9.6　防護構造物の建設

日本の沿岸災害への備えとしての高潮防潮堤，津波防潮堤，海岸堤防の建設は，1959年の伊勢湾台風と2011年の東北地方太平洋沖津波の2つの大きな災害によって変わりました．伊勢湾台風では高潮が発生し，名古屋の市街地に大きな被害がありました．この災害を契機に主に東京湾，大阪湾，伊勢湾を中心に，高潮防潮堤の建設が進みました．これにより，三大湾における高潮はその後，長期にわたっておおむね防止されることになりました．東京湾の沿岸に行ってみると，湾奥部を中心に高い壁のような防潮堤と，都市域の内部水路と海や川の間で高潮来襲時に水の行き来を遮断する防潮水門が連続して建設されて市街地を守っています．

これらの防潮堤は建設後おおむね50年以上を経過しようとしていますので，老朽化により今後建て替えが少しずつ進んで行くことになります．その際には2つのことが課題になります．温暖化に伴い，主に日本列島周辺の海水面の温度が上昇するために，台風が強大化することがわかっています．このために台風来襲時の高潮の水位が上昇することが考えられます．防潮堤の更新，補修に当たってはこの上昇分を予測し，その分の高さを嵩上げしていく必要があります．また，都市部の防潮堤は建設用地を節約するために特殊堤と呼ばれる直立する壁のような構造のものが多く，地震に弱いのが弱点です．東京湾直下型地震の場合には鉛直方向の地盤の変位の他に水平方向のずれもあるため，線状の構造物である防潮堤は各所でずれが生まれて隙間から水が漏れることになります．したがって高潮に対しては万全に見える防潮堤が津波に対しては脆弱になるのは，耐震性能に問題があるからということになります．自治体の発行するハザードマップの浸水領域は①構造物が健全であった場合，②構造物がすべて破壊した場合の2つの場合に分けて計算し，表示されている場合が多いのですが，②は地震発生時に，どことはあらかじめは場所を特定できないのですが，どこかでは地震による構造物の破壊が起こることを前提とした算定ということができます．

伊勢湾台風に続く日本の沿岸災害対策に大きな影響を与えた沿岸災害は2011年の東北地方太平洋沖地震津波です．東北地方は歴史的な経験を踏まえて釜石湾口の津波防波堤，田老地区の津波防潮堤など，多くの津波防護施設で守られているはずでした．実際にこれらの構造物は破壊されたものの，津波エネルギーを部分的に跳ね返し，陸上への氾濫の時間を遅らせて避難時間を稼いだと評価されてもいます．ただ，多くの海岸構造物で上部を超えて海水が陸側に流入し，その際に構造物のすぐ岸側で局所的な洗掘現象が顕著に発生し，構造物が破壊される例が多数発生しました．このため，現在の構造物は「粘り強い構造物」を目指して，越流が起こっても崩壊しないために，構造物の海側斜面（表のり）の表面，頂部（天端工）表面のみではなく，陸側背面（裏のり）の表面も保護する三面張りの被覆をするなどの工夫を凝らしています．**図9.2**は復興事業により建設された仙台湾南部（岩沼市）の三面張りの海岸堤防を示しています．

9.7 災害からの復興

東北の津波の後，災害からの復興に当たっては日本国民の合意のもとに32兆円もの復興予算を使用して，各地域での合意形成のプロセスを経て復興が行われました．地域ごとの災害経験，これまでの地域社会の歴史を踏まえて，地域ごとに異なる選択が行われました．それらの代表的なものを紹介すると下記となります．

①次の津波来襲に備えて津波防潮堤をより高く，より強く建設して地域社会

図 9.2 岩沼市にある三面張り海岸堤防

図 9.3 田老地区の新しい防潮堤の建設

を再建する．

田老地区では，東北地方太平洋沖地震津波の前に 10.0 m であった津波防潮堤が越流により破堤したため，さらに海岸線寄りに 14.7 m の防潮堤を新たに

図 9.4 陸前高田市の盛土による人工地盤

建設しました(**図 9.3**).

②盛土によって新たな人工地盤を旧市街地の上に建設し，人工地盤上に新たな市街地を形成する.

陸前高田市では旧市街地の上に海抜 10-12 m となる盛土をして，新しい市街地を造りました．周辺の丘の上(45 ha)と新しい盛土(91 ha)を合わせて新しい市街地用地を確保しました(**図 9.4**).

③津波により浸水した低平な旧市街地には住宅を造らずにオープンスペースとする(**図 9.5**).

女川町では旧市街地を駅，商店街やオープンスペースとして，新たな住宅街を自然の丘の上に建設して住民は移転しました.

④住宅街を廃止して撤退する(**図 9.6**).

仙台市荒浜地区は，津波前は仙台市のベッドタウンとして開発されていましたが，大きな被害を受けたのに伴い，住民は全員が転居し，この地区から撤退しました.

これらの事例は，日本および世界の臨海地域社会の今後の選択について，参考になる事例だと思います．ここでは地域の将来を選び取っていく際の合意形成における科学技術の専門家の役割についても考えておきたいと思います．実りある合意形成会議の運営についてはこれまでも多くの議論が行われてきましたが，ここでは住民，地方自治体(行政担当者)と専門家が行う合意形成のため

図 9.5　女川町での旧市街地のオープンスペースへの転用

図 9.6　荒浜地区からの撤退

の協同的な作業について述べます．この作業では，専門家と住民とが，専門家によってあらかじめ用意された科学的検討結果のみではなく，その導出プロセスにおいても協働し，全員が内容をよく理解することが必要となります．議論のテーマについては既存案の評価ではなく，新たな提案ができるような問いの立て方が必要です．参加者についてはさまざまな立場の委員が参加し，さらに結論についての代替案が作成できる委員が加わる必要があります．また，科学技術専門家はわかりやすい言葉を使用し，住民が持っている個人に内在する地域の事情に関する知識への積極的な対応を行います．行政担当者は行政データを公開するとともに住民の質問に対する的確な調査と，質問への明確な回答を行い，共有するべき知識レベルの向上を図る機会（勉強会など）の設定も必要です．利害関係者すべてが参加し，各々の立場から見解を述べることで対立点を明確にし，認識の共有を図った後に議論することによって健全な議論による会議の結論を目指すことができます．

これまでは技術専門家は住民と行政担当者の中立的な調停をする役割を期待されることが多かったのですが，今後は専門家が他の参加者の立場を代弁しつつ，会議の内容を深めるような議論を参加者とともに行っていくこと，さらには有効な代替案をいくつか示すことで，地域の合意形成を助けていく努力が必要であると思います．

9.8 災害列島からの脱却

日本列島は「災害列島」とも呼ばれることがあります．記録に残る日本最古の津波は 797 年の白鳳津波です．それ以降いくつもの津波や高潮の被害が記録に残っています．特に明治維新以降の近代化の進展，戦後の高度経済成長期に伴い沿岸域の利用密度が高くなり，被害の規模も大きくなりました．一方で，現在では，今後の人口減少，地域の集約化の流れの中で，**図 9.7** に示すような道筋を経て，少しずつ人口が災害のリスクの少ない地域に移動することによって「災害列島」から脱却する試みが進みつつあります．これまでは主に国土交通省などの中央官庁と都道府県や市町村レベルの行政機関がそれぞれ役割分担をして担ってきた災害対応の判断を，しだいに個人の判断にゆだねていく

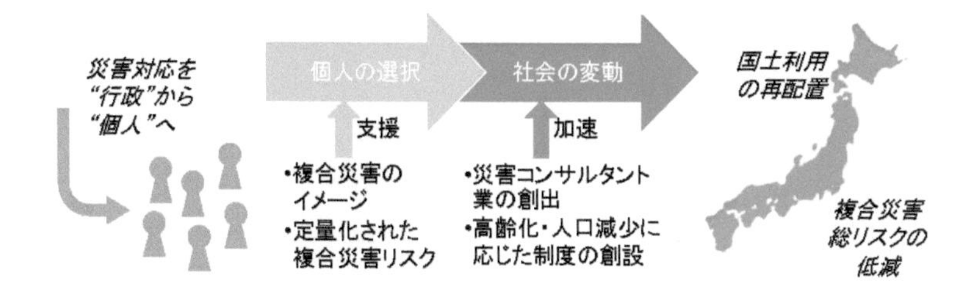

図 9.7 災害列島脱却への道筋

過程が必要です．個人の選択の結果として国土利用の再配置がしだいに実現していくことが重要だと思います．そのためには災害対策の相談を行う災害コンサルタント業の創出や高齢化・人口減少に対応して，新たな社会制度の創設も必要となります．地域の人々がまとまって居住するようなコンパクトシティーの推進などすでに着手されていますが，人口が緩やかに災害リスクの低い場所に移動していくことが日本全体としての災害列島からの脱却の鍵となります．

数値シミュレーションによる災害予測，避難の手順の整理が進み，一方で費用便益分析によって防災施設建設の際に使える費用の限界もわかってきました．その結果，一般住民にとっては，具体的に自分の家にとっての災害リスクの評価ができるようになり，個々の住民が自らの意思で安全な場所を選べる情報が整備されつつあります．私は講義の際に学生たちに「大学を卒業し，社会に出て結婚すると新居を選ぶことになる．その際には家賃や地価が安い（経済性），会社に通うのに時間がかからない（利便性）のみではなく，将来にわたって災害に合わないで済む（災害への脆弱性）を考慮して場所を選ぶように」と言っています．これが実現していくと，世代の交代に伴って，少しずつ災害に対して強靭な社会が出来上がっていくことになり，数十年の時を経て，災害列島からの脱却が果たされることとなります．

そのためには，災害を予測し，経済的損失と発生確率を掛け合わせて金額に換算し，経済性，利便性と同じ尺度で算定した情報を一般に公開していく必要があります．先に第8章で述べたように，研究のレベルでは現在はかなりの精度でこの計算ができるようになりましたし，データをインターネット上で集めれば個人のレベルでも概算することができます．新居を選ぶ際には是非このような災害を「経済的損失と発生確率を掛け合わせて金額に換算する」視点をもって頂きたいと思います．

図 9.8 には以上に述べた道筋を研究方法の立場から具体的にまとめてみたものです．災害予測シミュレーションモデル，住民避難シミュレーションモデル，災害対策の費用便益分析手法，道路や鉄道，港湾などの交通インフラ施設の危険度の診断手法さらには災害の歴史の事例分析などの研究分野はこの10年ほどの間に急速に進展しました．今後はこれらの手法の予測精度を高めるとともに，いくつものリスクの総合化と減災方法の高度化が進んで行くと思います．その結果として，住民の皆さんの意思決定を支援する情報が整えられ，最

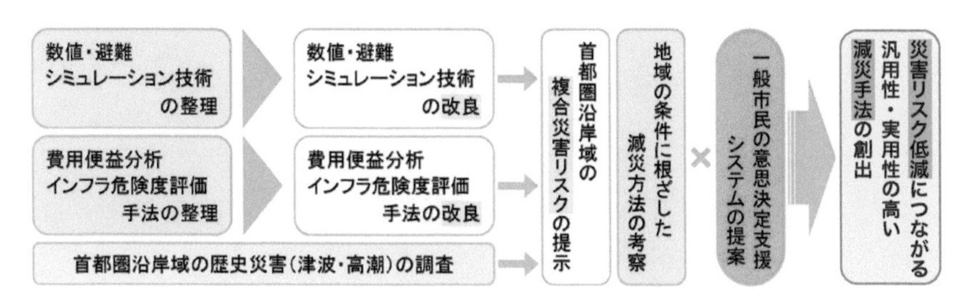

図 9.8　災害列島脱却の具体的手順

終的に防災社会のシステムが日本全国に普及していくことが期待できます．

現在は日本でも建築基準法の用途地域制を用いて，災害発生確率の高い地域への建物の建て方を規制したり，「津波災害警戒区域の指定」を行って，行政のリーダーシップの下で災害常襲域からの住民の撤退を図る動きも進んできました．しかしこの場合には急速な地域の生活環境の変化に取り残される住民が出てくるなどの副反応が出てくる可能性があります．強い規制とともに上記で述べた緩やかな変化を誘導するシステムづくりを併用して，災害警戒地域に取り残される住民が出ないように配慮しながら，一歩一歩災害列島からの脱却を進めていくことが大切であると思います．

第9章のよくある質問とその答え

Q 防災，減災のためにいろいろな施策が行われていることはわかりましたが，自分や家族の安全を守るためには具体的にすぐできることは何ですか．

A まず居住地の自治体のウェブページで，現在住んでいる所ではどのような災害がどの程度の大きさで発生すると予測されているかを確認します．自治体ごとに特徴はありますが，場所ごとに懸念される災害については詳細な想定を知ることができます．その際には想定にはいろいろな前提となる条件があらかじめ付されたうえで数値シミュレーションが行われていることを考えて，想定以上のことが起きる可能性もあることをある程度加算しておきます．次に同じ作業を家族めいめいについて，通勤通学先，その途中に通る行路を含めて行い，日々の生活の中で突然起こる災害に備えるためのイメージを形成しておくことが必要です．

Q 行政担当者や災害研究者が防災，減災のためにいろいろな検討や実践をしていることはわかりましたが，それらの人たちに任せておけば私たちの安全は守っていけるのでしょうか．

A これらの人々はそれぞれの立場から全力で取り組んでいると思います．しかし蓄積された知識や情報を災害発生時に具体的に役立てるためには，私たち一人一人が公開されている情報を受け取って理解し，家族や隣人とともに災害時のイメージを共有しておくことが事前の準備として望ましいと思います．「自分と家族の身は自分たちで守る」ということが災害発生時の心構えとなります．

おわりに

近い将来に起こるかもしれない沿岸災害としては，南海トラフ地震，日本海溝・千島海溝周辺海溝型地震，首都直下型地震に伴って発生する津波が考えられます．これらの地震が発生した場合には，太平洋岸に津波が押し寄せることになります．一方で，日本海側では海底にいくつかの断層が発見されていることから，こちらでも津波が発生する可能性があります．この他にも急速に発達した台風や温帯低気圧が高潮や高波をもたらすなど，日本列島周辺では今後も多くの沿岸災害が発生することが危惧されています．

地球全体を見渡すと，今後沿岸災害の状況が一変すると考えられている地域がいくつかあります．1つは温暖化の影響が急速に環境を変えつつある北極海の沿岸です．これまでは北極海の表面は氷におおわれている期間が長く，氷に阻まれて風のエネルギーが水の表面に伝達されないため，本書で説明した高潮や高波が発生することは，2012年8月の大型低気圧（The Great Arctic Cyclone of August 2012）などの例にみられる限られた夏の時期を除いてはありませんでした．近年では温暖化により，氷のある時期が短く，地域も限られているために風波が発達し，高波によって海岸が急速に侵食される事例がカナダのツクトヤクテュック（Tuktoyaktuk）や米国のアラスカの沿岸域で報告されています．もう1つは，ガーナなど西アフリカの国々では，経済成長によって沿岸域の利用密度が急速に輻輳化し，高波や高潮による被害が起こっています．一般に途上国で経済発展が急速に進展すると，急速な生活環境の変化によ

動画16　北極圏 Resolute 礫海岸
（https://youtu.be/cx67P67f02c）
急速な環境変化の結果，高潮・高波災害の可能性が高まりつつあるカナダ北極圏の現在の海岸線の映像です．植生のない礫浜が続いています（2022年9月撮影）．（早稲田大学理工学術院柴山研究室制作）

り，予知しなかった災害に襲われることが多くなると考えられています．

ここで述べたように，日本および世界の沿岸域ではこれまでの私たちの経験に基づく予測を大きく上回る災害が発生する可能性がたくさんあります．私たちはこれまでの枠組みにとらわれることなく，今後も沿岸災害を新たな発想で予測し，有効な対策を実行していく必要があると思います．

2023年6月

柴山知也

謝　　辞

筆者の研究活動は横浜国立大学，早稲田大学の筆者の研究室を卒業した，300 人を超える学士，修士，博士課程の学生の皆様の研究に支えられてきました．特に松丸亮博士（東洋大学・教授），高木泰士博士（東京工業大学・教授），鈴木崇之博士（横浜国立大学・教授），ミゲル・エステバン博士（早稲田大学・教授），三上貴仁博士（早稲田大学・准教授），高畠知行博士（近畿大学・准教授），中村亮太博士（新潟大学・准教授），イオアン・ニストール博士（オタワ大学・教授），ジャヤラトネ・ラビンドラ博士（イーストロンドン大学・准教授 Reader），ヘンドラ・アチアリ博士（バンドン工科大学・講師），グエン・ダン・タオ博士（ホチミン市工科大学・副学長），ラファエル・アランキズ博士（コンセプション・カトリック大学・准教授），マーティン・マル博士（横浜国立大学・助教），稲垣直人博士（オタワ大学・博士研究員）は本書で紹介した現地調査に積極的に参加し，本書の内容に貢献してくださいました．いずれも筆者の研究室で博士号を取得し，本書で紹介した研究を担ってくださり，現在は沿岸防災の専門家として活躍中の研究者です．記してこれらの皆様に感謝を申し上げます．

最後に，40 年以上にもわたって社会科学の立場から筆者に学問的な示唆を与え続けてくれた，筆者の妻，柴山真琴博士（大妻女子大学・教授）に深く感謝致します．

参考文献

力学的な事項の詳しい解説については下記を参照してください.

柴山知也編著, 高木泰士・鈴木崇之・三上貴仁・高畠知行・中村亮太・松丸　亮共著 (2021):海岸工学—よくわかる海岸と港湾—, 森北出版, 197p.

大平幸一郎・高畠知行・三上貴仁・柴山知也 (2017):湾湖でのスロッシング現象と影響評価, 土木学会論文集 B3 (海洋開発), **73**(1), 56-66. [doi:10.2208/jscejoe.73.56]

大矢　淳・柴山知也・中村亮太・岩本匠夢 (2016):東京湾における沿岸域災害対策の費用便益分析, 土木学会論文集 B3 (海洋開発), **72**(2), I_880-I_885. [doi:10.2208/jscejoe.72.I_880]

柴山知也 (2011):日本海沿岸地帯振興促進議員連盟・日本海沿岸地帯振興連盟 合同勉強会での講演, 平成 23 年 6 月 2 日 (木) 10:15 ~, ホテルニューオータニ ザ・メイン「舞の間」,「沿岸防災と東日本大震災からの復興—減災のための共同研究—」, 講演録.

柴山知也・岡安章夫・佐々木淳・鈴木崇之・松丸　亮・Masimin・Zouhrawaty A. Ariff (2005):2004 年スマトラ沖地震津波のインドネシア・バンダアチェ被害調査, 海岸工学論文集, 第 52 巻, 1371-1375.

柴山知也・岡安章夫・Nimal Wijayaratna・佐々木淳・鈴木崇之・Ravindra Jayaratne (2005):2004 年スマトラ沖地震津波のスリランカ南部被害調査, 海岸工学論文集, 第 52 巻, 1401-1405.

柴山知也・柴山真琴・東江隆夫 (1996):途上国の発展段階に位置づけた海岸問題発現の比較研究, 海岸工学論文集, 第 43 巻, 1291-1295.

柴山知也・高木泰士・ヌン ヌウ・青木陽平 (2009):サイクロン Nargis による高潮被害の調査, 土木学会論文集 B2 (海岸工学), **65**(1), 1376-1380.

柴山知也・田島芳満・柿沼太郎・信岡尚道・安田誠宏・ラクイブアフサン・ミザヌールラフマン・シャリフルイスラム (2008):サイクロン Sidr によるバングラデシュ海岸・河川高潮災害の現地調査, 海岸工学論文集, 第 55 巻, 1396-1400.

柴山知也・松丸　亮・高木泰士・Mario P. de Leon・Esteban Miguel・三上貴仁・大

山剛弘・中村亮太（2014）：2013年台風Yolanda（Haiyan）による高潮災害の調査と分析，土木学会論文集B3（海洋開発）B3，**70**(2)，I_1206-I_1211．[doi:10.2208/jscejoe.70.I_1212]

柴山知也・松丸　亮・高木泰士・Miguel Esteban・三上貴仁（2011）：2011年東北地方太平洋沖地震による津波災害の宮城県以南における現地調査，土木学会論文集B2（海岸工学），**67**(2)，I_1301-I_1305．[doi:10.2208/kaigan.67.I_1301]

柴山知也・三上貴仁・松丸　亮・高木泰士・Faainuseiamalie Latu（2010）：サモア諸島沖地震津波の調査と分析，土木学会論文集B2（海岸工学），**66**(1)，1376-1380．[doi:10.2208/kaigan.66.1376]

柴山知也・安田孝志・小島治幸・田島芳満・加藤史訓・信岡尚道・安田誠宏・玉川勝巳（2006）：Hurricane Katrinaによる高潮被害の調査，海岸工学論文集，第53巻，401-405．

高木泰士・木津翔平・柴山知也（2008）：東京湾における陸棚波に起因した異常潮位の分析とその将来影響，海岸工学論文集，第55巻，土木学会，1306-1310．

地球温暖化対策に資するアンサンブル気候予測データベース
https://www.miroc-gcm.jp/d4PDF/index.html
（2022年4月20日参照）

チリ津波合同調査班編（1961）1960年5月24日チリ地震津波に関する論文及び報告，397p.

東京都高潮浸水想定区域図【想定最大規模】（浸水深）
https://www.kouwan.metro.tokyo.lg.jp/yakuwari/files/WFD.jpg
（2022年4月20日参照）

中村亮太・岩本拓夢・柴山知也・三上貴仁・松葉俊哉・Martin Maell・舘小路晃史・田野倉佑介（2015）：2014年12月に北海道で発生した温帯低気圧による根室の高潮被害の現地調査と発生機構の解明，土木学会論文集B3（海洋開発），**71**(2)，I_31-I_36．[doi:10.2208/jscejoe.71.I_31]

松葉俊哉・三上貴仁・柴山知也（2015）：海岸堤防を越流する津波の挙動に及ぼす防潮林の効果，土木学会論文集B2（海岸工学），**71**(2)，I_871-I_876．[doi:10.2208/kaigan.71.I_871]

三上貴仁・柴山知也・武若　聡・Miguel Esteban・大平幸一郎・Rafael Aranguiz・Mauricio Villagran・Alvaro Ayala（2011）：2010年チリ沖地震津波災害の現地調査，土木学会論文集B3（海洋開発），**67**(2)，I_529-I_534．[doi:10.2208/jscejoe.67.I_529]

三上貴仁・柴山知也・Miguel Esteban（2013）：2012年ハリケーンサンディによる高潮災害のニューヨークにおける現地調査に基づく臨海都市域の浸水災害と減災策に関する考察，土木学会論文集B3（海洋開発），**69**(2)，I_982-I_987．[doi:10.2208/

jscejoe.69.I_982]

文部科学省・気象庁（2020）日本の気候変動 2020 ―大気と陸・海洋に関する観測・予測評価報告書―

https://www.data.jma.go.jp/cpdinfo/ccj/index.html

（2022 年 4 月 20 日参照）

Booij, N., Ris, R.C. and Holthuijsen, L.H. (1999): A third-generation wave model for coastal regions: 1. Model description and validation, *Journal of Geophysical Research*, **104**(C4), 7649–7666.

Chen, C., Liu, H. and Beardsley, R.C. (2003): An unstructured, finite-volume, three-dimensional, primitive equation ocean model: application to coastal ocean and estuaries, *Journal of Atmospheric and Oceanic Technology*, **20**, 159–186.

Esteban, M., Takabatake, T., Achiari, H., Mikami, T., Nakamura, R., Gelfi, M., Panalaran, S., Nishida, Y., Inagaki, N., Chadwick, C., Oizumi, K. and Shibayama, T. (2021): Field Survey of Flank Collapse and Run-up Heights due to 2018 Anak Krakatau Tsunami, *Journal of Coastal and Hydraulic Structures*, **1**, 1. [https://doi.org/10.48438/jchs.2021.0001]

Iimura, K., Shibayama, T., Takabatake, T. and Esteban, M. (2020): Experimental and numerical investigation of tsunami behavior around two upright sea dikes with different heights, *Coastal Engineering Journal*. [doi.org/10.1080/21664250.2020.1826126]

Inagaki, N., Shibayama, T., Esteban, M. and Takabatake, T. (2020): Effect of translate speed of typhoon on wind waves, *Natural Hazards*. [doi.org/10.1007/s11069-020-04339-4]

Mikami, T., Shibayama, T., Esteban, M., Takabatake, T., Nakamura, R., Nishida, Y., Achiari, H., Rusli, Marzuki, A., Marzuki, M., Stolle, J., Krautwald, C., Robertson, I., Aranguiz, R. and Ohira, K. (2019): Field Survey of the 2018 Sulawesi Tsunami: Inundation and Run-up Heights and Damage to Coastal Communities, *Pure and Applied Geophysics*, **176**, 3291–3304. [doi:10.1007/s00024-019-02258-5]

Miyaji, N., Kan'no, A., Kanamaru, T., and Mannen, K. (2011): High-resolution reconstruction of the Hoei eruption (AD 1707) of Fuji volcano, Japan, *Journal of Volcanology and Geothermal Research*, **207**(3–4), 113–129. [https://doi.org/10.1016/j.volgeores.2011.06.013]

Nishizaki, S., Shibayama, T., Takabatake, T. and Nakamura, R. (2017): Hindcasting of wave climate along pacific coast of Japan in October 2014, *Asian and Pacific Coasts 2017*, 129–138. (Proceeding of the 9th International Conference on Asian and Pacific Coasts (APAC), SMX Convention Center, Mall of Asia Complex, Pasay City, Philippines) [doi:10.1142/9789813233812_0013]

Shibayama, T. and Esteban, M. (Editors) (2022): *Coastal Disaster Surveys and Assessment for Risk Mitigation.* Taylor & Francis, 379p.

Skamarock, W.C., Klemp, J.B., Duddhia, J., Gill, D.O., Barker, D.M., Duda, M.G., Huang, X.Y., Wang, W. and Powers, J.G. (2008): A description of the advanced research WRF version 3, *NCAR Technical Note.*

Stolle, J., Takabatake, T., Nistor, I., Mikami, T., Nishizaki, S., Hamano, G., Ishii, I., Shibayama, T., Goseberg, N. and Petriu, E. (2018): Experimental investigation of debris damming loads under transient supercritical flow conditions, *Coastal Engineering*, **139**, 16–31. [doi:j.coastaleng.2018.04.026]

Takabatake, T., Shibayama, T., Esteban, M., Ishii, H. and Hamano, G. (2017): Simulated tsunami evacuation behavior of local residents and visitors in Kamakura, Japan, *International Journal of Disaster Risk Reduction*, **23**, 1–14. [doi:10.1016/j.ijdrr.2017.04.003]

Takabatake, T., Shibayama, T., Esteban, M., Achiari, H., Nurisman, N., Gelfi, M., Tarigan, T., Kencana, E., Fauzi, M., Panalaran, S., Harnantyari, A. and Thit Oo Kyaw (2019): Field survey and evacuation behaviour during the 2018 Sunda Strait tsunami, *Coastal Engineering Journal*, **61**(4), 423–443. [doi:10.1080/21664250.2019.1647963]

Tomii, Y., Shibayama, T., Nishida, Y., Nakamura, R., Okumura, N., Yamaguchi, H., Tanokura, Y., Oshima, Y., Sugawara, N., Fujisawa, K., Wakita, T., Mikami, T., Takabatake, T. and Esteban, M. (2020): Estimation of volcanic ashfall deposit and removal works based on ash dispersion simulations, *Natural Hazards*, **103**, 3377–3399. [doi:10.1007/s11069-020-04134-1]

付　　録

付録 1　日本の主な津波の年表

発生年	名称	死者数など（人）
684	白鳳津波	不明
869	貞観津波	不明
1498	明応津波	35,000
1605	慶長津波	5,000
1611	慶長三陸地震	5,000
1703	元禄関東地震津波	200,000
1707	宝永津波	20,000
1771	八重山地震津波	12,000
1792	眉山崩壊津波	15,000
1854	安政南海地震津波	不明（数千）
1854	安政東海地震津波	2,500
1896	明治三陸地震津波	26,360
1923	大正関東地震津波	不明（数百）
1933	昭和三陸地震津波	死者 1,522，行方不明者 1,542
1946	昭和南海地震津波	1,330
1983	日本海中部地震津波	104
1993	北海道南西沖地震津波	198
2011	東北地方太平洋沖地震津波	死者 19,759，行方不明者 2,553（2022 年 3 月現在）

付録２　主な世界の津波の年表（日本を除く）

発生年	名称	国・地域	死者数（人）
365	クレタ島地震津波	ギリシャ，地中海	不明
1755	リスボン地震津波	ポルトガル	10,000
1883	クラカトア火山噴火津波	インドネシア	36,000
1960	チリ津波	チリ，日本	6,000（チリ） 142（日本）
1964	アラスカ津波	米国，カナダ	119
1998	パプア・ニューギニア津波	パプア・ニューギニア	1,600
2004	インド洋津波	インドネシア，スリランカ，タイ他	220,000
2006	ジャワ島中部地震津波	インドネシア	700
2009	サモア津波	サモア	200
2010	スマトラ島（メンタワイ諸島）津波	インドネシア	500
2010	チリ津波	チリ	500
2018	スンダ海峡津波	インドネシア	455
2018	スラウェシ島津波	インドネシア	3,400
2022	フンガ火山噴火津波	トンガ	5

付録 3　主な高潮・高波災害の年表

発生年	名称	国など	主な被害など
1902	小田原大海嘯	日本（相模湾）	死者 11
1917	大正 6 年台風高潮	日本（東京湾）	死者・行方不明者 1,324
1934	室戸台風高潮	日本（大阪湾）	死者・行方不明者 3,000
1953	北海高潮	オランダ，イギリス	死者 2,500
1959	伊勢湾台風高潮	日本（名古屋他）	死者 1,697・行方不明者 401
1961	第二室戸台風高潮	日本（大阪湾）	死者・行方不明者 202
1970	バングラデシュ高潮（1970 年 11 月）	バングラデシュ	死者 400,000
1991	バングラデシュ高潮（1991 年 4 月）	バングラデシュ	死者 140,000
1999	1999 年台風 18 号高潮	日本（熊本県不知火町）	死者 12
2005	カトリーナ高潮	米国（ニューオーリンズ他）	死者 1,200
2007	シドル高潮	バングラデシュ	死者 5,100
2008	ナルジス高潮	ミャンマー	死者 138,000
2012	サンディ高潮	米国（ニューヨーク）	死者 170
2013	ヨランダ（ハイエン）高潮	フィリピン	死者・行方不明者 4,600
2018	2018 年台風 21 号高潮	日本（大阪湾）	関西国際空港冠水

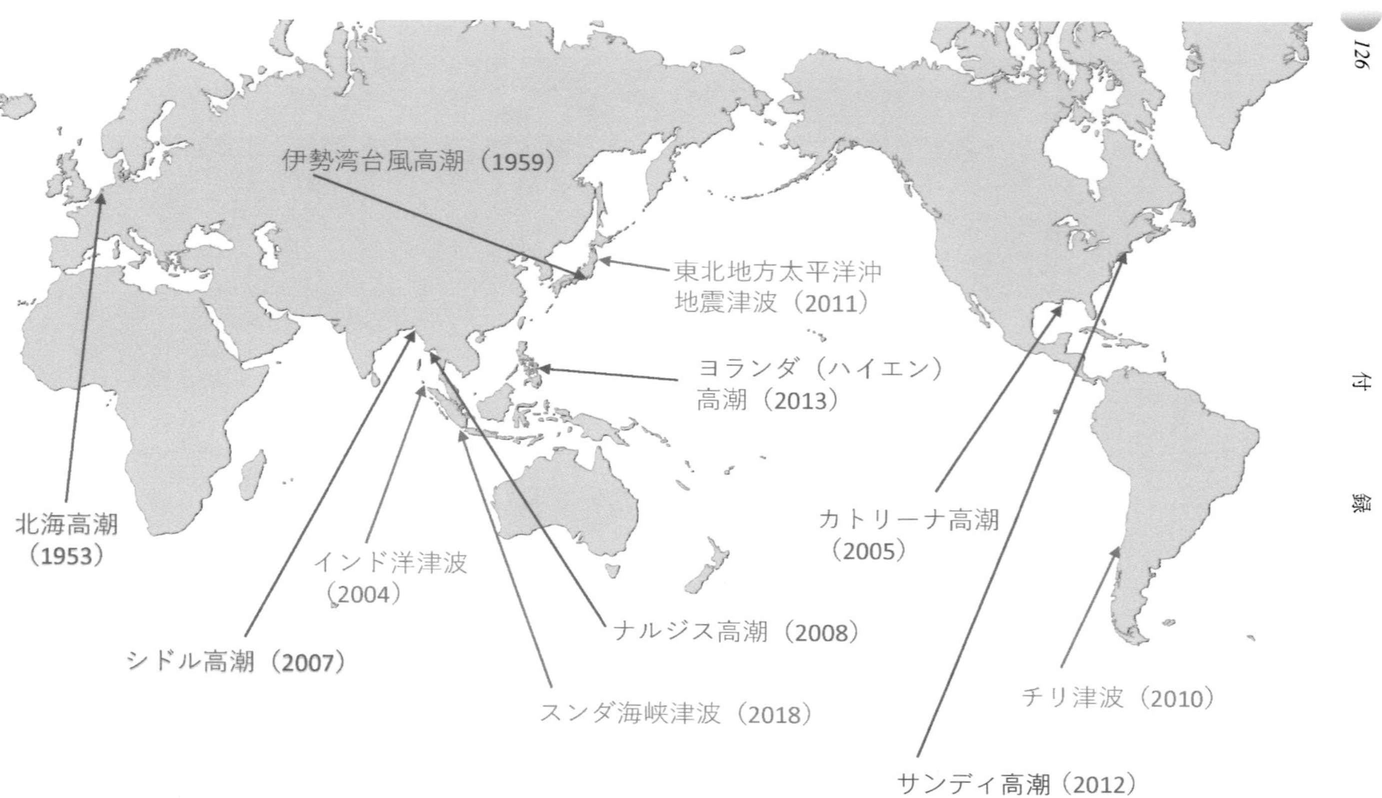

付録 4 主な沿岸災害の分布

索　　引

あ　行

か　行

さ 行

た　行

な　行

は 行

ま 行

や　行

ら　行

わ　行

英　数

著者略歴

柴山知也（しばやまともや）

東京都文京区本郷に生まれる
1977年　東京大学工学部土木工学科卒業
　　　　東京大学助教授，アジア工科大学院（AIT）Associate Professor，
　　　　横浜国立大学教授などを経て
現　在　早稲田大学理工学術院教授（社会環境工学科）
　　　　横浜国立大学名誉教授
　　　　工学博士
主な著書　『建設社会学』（山海堂，1996年）
　　　　『建設技術者の倫理と実践—増補改訂版』（丸善，2004年）
　　　　“Coastal Processes”（World Scientific，2009年）
　　　　『3.11津波で何が起きたか』（早稲田大学出版部，2011年）
　　　　『図説 日本の海岸』（共編，朝倉書店，2013年）
　　　　“Handbook of Coastal Mitigation for Engineers and Planners”
　　　　（共編著，Elsevier，2015年）
　　　　『水理学解説』（編著，コロナ社，2019年）
　　　　『海岸工学—よくわかる海岸と港湾—』（編著，森北出版，2021年）
　　　　"Coastal Disaster Surveys and Assessment for Risk Mitigation"
　　　　（共編著，Taylor & Francis，2022年）
主な受賞　2019年　濱口梧陵国際賞（国土交通大臣賞）
　　　　2022年　大隈記念学術褒章［記念賞］
　　　　2023年　海洋立国推進功労者表彰（内閣総理大臣賞）

カラー図説 高潮・津波がわかる
—沿岸災害のメカニズムと防災—

定価はカバーに表示

2023年8月1日　初版第1刷
2023年10月5日　第2刷

著　者　柴　山　知　也
発行者　朝　倉　誠　造
発行所　株式会社　朝　倉　書　店

東京都新宿区新小川町6-29
郵便番号　162-8707
電　話　03(3260)0141
FAX　03(3260)0180
https://www.asakura.co.jp

〈検印省略〉

印刷・製本　ウイル・コーポレーション

ISBN 978-4-254-16079-6　C 3044　Printed in Japan